大是文化

優勢的槓桿

Lever of Advantage

想快點成功，做你拿手的，勝過你喜歡的。
蓋洛普專家用 10 個問題、4 條線索，
幫自己、部屬、子女找強項。

蓋洛普全球認證優勢教練、
美國培訓認證協會認證培訓師
王玉婷 著

CONTENTS

推薦序一

發揮優勢，擺脫「努力卻普通」的人生

人生設計心理諮商所共同創辦人、諮商心理師／盧美妏

你一直很努力，卻沒有過上理想人生？你不知道自己的天賦，也不確定職涯發展該何去何從？看到很多人朝目標方向努力，你卻始終迷茫？

我是職涯諮詢師、諮商心理師，許多個案帶著對人生的疑惑來找我，而當我們談起各種職業生涯的可能性時，我聽到最多的都是「可是」和「我不行」。

從小到大，我們被教育從「問題視角」看待自己。例如我的英文不夠好、我的三角函數不行、我運動不夠……「問題視角」讓我們總是看到自己不夠好的地方，那些需要矯正的、應該做更好的，跟隨規則與考試結果，時刻提醒我們「不夠好」。

這麼多年來，我發現我和身邊的人，包含親朋好友、學員……無一例外的，都很擅長用「問題視角」看待自己，我們永遠能找到自己不夠好的地方。但在進入職場、在我們成年之後，這樣的「問題視角」逐漸演變成「低自尊」。本來只是提醒我們沒掌握精熟的科目章節，變成全方面的自我責備、批判，甚至貶低，我們對自己的評價好低，不相信自己值得擁有更好的。

我們該學會用「優勢視角」看待自己。

《優勢的槓桿》的作者王玉婷與我一樣，都是美國蓋洛普認證的優勢教練。根據美國蓋洛普的研究指出，發現個人優勢並能運用的人，在工作中的敬業度高五倍、工作效率高七．八％、生活品質高三倍。

本書聚焦於天賦優勢，該怎麼找到天賦？該如何發揮優勢？透過書中的介紹以及案例的解析，帶讀者們深入認識自己的天賦優勢。例如我現在如果繼續糾結我的三角函數不行，或是不斷批判自己不自律，那我根本沒辦法專注眼前，做好我的工作，過好我的生活。

我擅長講課、學習和閱讀效率很高，也擅長資料蒐集、高效的執行和完成任務，我每天都看到這些天賦，每天都善加運用，而這些天賦，都將變成我最強大的優勢。

掌握天賦，就像得到一本詳細的說明書。讓我們更能在工作、人際、生活……面向發揮優勢，並且發展最適合自己的職涯道路。與其做自己不擅長的事，不如做擅長的事，讓天賦發光發熱。從現在開始，拋下「問題視角」，練習用「優勢視角」看待自己吧！

推薦序二

打破成規，用優勢為工作加分

軟體產品經理、職場內容創作者／小人物職場

找到自己的不足，想辦法補強自己的弱點，這應該是大家從小就被灌輸的觀念，所以在讀書時，常看到不擅長數學的人，拚命的算題目；不擅長英文的人，拚命的背單字。在職場上，則會看到不擅長溝通的人，付出加倍的時間處理人際關係，但結果往往只達到及格的水準。

當然這不是在否定努力的重要，而是付出的努力和成果是否有相等的價值，畢竟人生最寶貴的就是時間。當我們不斷的往錯誤方向前進，每多走一步，回頭時就要付出加倍的時間和力氣，所以比起盲目的前進，不妨先了解自己該前進的方向是否正確，要先「做對的事情」，再「把事情做對」。

愛因斯坦（Albert Einstein）曾說過：「每個人都是天才。但如果你用爬樹的能力評斷一條魚，牠將終其一生覺得自己是個笨蛋。」現在的社會總灌輸我們所謂的成功標準，要大家都去爬樹，但如果我們可以扭轉想法，不斷強化自己擅長的領域，在該領域內做到專家的水準，其實每個人都可以是一條快樂的魚。

以我十多年的工作經驗來看，在職場能過得快樂的人，多數都是選擇了一條適合自己的職涯道路，在快速變動的現在，即便工作充滿了各種新挑戰，他們仍然可以保持樂觀積極的態度面對，甚至樂於接受挑戰。至於選擇了不適合自己職涯道路的人，即便有外在的誘因：高薪、高知名公司，也會很快發現，付出加倍的努力，卻仍感受不到成就或快樂，甚至會因為工作成果不佳，而產生自我貶抑的負面想法，常會浮現「撐不下去」或「自己能力很差」的念頭。

本書作者王玉婷是蓋洛普全球認證優勢教練，擁有十年以上的專業培訓經歷，讀者可以在這本書中透過她的自身經歷以及諮詢案例，了解發揮優勢、站對位置的重要性，也會知道如何發現自己的優勢並展現出來。如果你在工作上正面臨各種問題，像是：缺乏動力、找不到工作價值、難以轉職等，那這本書提到的優勢工作，將可以有效的幫助你突破困境、打破職場發展的瓶頸。

推薦序三

發掘個人優勢，羊腸小徑也能變康莊大道

人氣作家／螺螄拜恩

我學生時期向來「腸」保健康、順暢無比。因每逢數學課，便會緊張到勤跑廁所，想不順都不行。每當模擬考成績出爐，班導常搖頭嘆氣：「其他科高分有什麼用？數學考個位數，一下子就拉大差距，不能多努力點嗎？」後來甚至還被取了「文科天才、數學白痴」的綽號。

不過憑藉著文科強項，我後續求學、求職還算是順遂，但被師長們傳為笑談的「數學白痴」稱號，仍在心中留下陰影。午夜夢迴，時常思考，如果當初學好數學，應該就能考上第一志願、找到更好的工作。無論現今我在工作上有多少斬獲與成果，數學不如人的自卑感始終藏於心中，直到讀了本書，我才釋懷。

本書是由蓋洛普（Gallup）全球認證優勢教練王玉婷所著，一開始即很明確的告訴我們：做擅長的事，才能成就自己。這與我們傳統主張全才全能的觀念全然不同。作者認為，太多人關注自身缺點，想盡辦法彌補不足。然而，人類的天賦潛能乃與生俱來，像我缺乏數字觀念，再努力一萬年，仍不可能贏過數學家阿基米德（Archimedes）。與其大力「補短」，不如發現並放大自己的優勢，更能找到確切的職業發展定位，突破人生瓶頸。本書觀點不僅令人耳目一新，敘述邏輯清晰有條理，層層鋪陳各章議題之外，更佐以大量客觀研究數據、圖表、適性測驗、實用工具，輔助讀者輕鬆借力、發掘核心競爭力。

在「天賦優勢小測試」中，我的優勢是共情力、表達力與風險評估能力。其中風險評估能力是我從未想過的層面。但仔細想想，每當周遭親友遇到問題時，必定會詢問我意見，且後續也都順利解決。於是我按照書中建議，運用該優勢於日常工作，撰寫企劃書時，先評估可能遇到的危機，分析、研判狀況，提出數個可行解決方案。新做法不但讓我備受主管讚賞，更展現出自身價值與能力。

假如你對人生方向迷惘，不知道下一步該怎麼走，不妨閱讀本書，書中提供許多中肯翔實的建議，並提供多個工具，帶領讀者找出自己的天賦潛能。

前言

讓你脫穎而出的關鍵

在哈佛大學最受歡迎的幸福課上，心理學家塔爾．班夏哈（Tal Ben-Shahar）引導大家思考「什麼才能使我幸福」。回答這個問題的重點是，將其拆解為三個關鍵問題，並找到它們的答案：什麼對我有意義？什麼能帶給我快樂？我的優勢是什麼？

哲學家亞里斯多德（Aristotle）曾說：「幸福是生命的意義和使命，是我們的最高目標和方向。」每個人都期待收穫更多幸福感，而幸福感便源於我們的日常生活和工作。就工作而言，每個人都有機會找到最理想、最適合自己的工作狀態，我們把這種工作狀態稱為「工作甜蜜點」（見第一五八頁圖表4-3）。

工作甜蜜點模型包含三個核心元素：優勢（Strengths）、熱情（Passion）、價值（Value）。三個元素的交集就是甜蜜點（Sweet Spot）。

如果你在工作中不能發揮自己的優勢，那麼做起來就會感覺很吃力，不容易獲得成就感；如果你對這份工作不是很喜歡，就很難持久投入；如果這份工作在價值回饋方面不能滿足你，如薪資、福利等，那麼你就會總想著換工作。

我的故事

研究所畢業後，我進入一家外資企業，成為一名軟體工程師。工作三年後，我發現自己對軟體研發工作越來越沒有熱情，在工作中也沒有太大的成就感，但當時我並不清楚自己到底想做什麼。

於是我開始探索，決定試一試專案管理。在主管的建議下，我學習了國際專案管理課程。後來，我有機會做與專案管理有關的工作，但做了一段時間後，發現自己對這份工作並不如想像中那麼喜歡。於是我繼續探索，包括調職務、換部門，積極參與公司舉辦的各種活動。直到我參加了公司所在園區舉辦的一場英文演講活動，才發現自己真正喜歡的是演講、分享和培訓。

二〇一七年十一月，在一位朋友的推薦下，我做了蓋洛普優勢測驗[1]。測驗結果顯示，我的前五項天賦是積極、專注、取悅、溝通和成就。我終於明白自己為什麼不喜歡做軟體研發工作，而對演講、分享和培訓抱有極大的熱情，原來都是我的天賦在發揮作用。積極、取悅和溝通天賦讓我更喜歡與人交流，而不是每天對著機器默默的做事。此時，我對未來的工作方向有了新的認識。

二〇一八年初，我開始全職從事培訓工作。我連續開發了多門課程，並在各大企業講授。比如，我曾受邀為阿里巴巴、賓士（Mercedes-Benz）、福斯汽車（Volkswagen）和施羅德投資（Schroders）等知名企業，進行優勢發掘和演講方面的培訓，每次培訓後都收到大量好評。現在，除了做一對一的諮詢外，每年我都有一百多場培訓，包括公開課和企業培訓。另外，我開發的線上精品課程「二十四堂優勢打造課」在喜馬拉雅、知乎等三十多個線上學習平臺上線，深受

1 CliftonStrengths，是一套由美國權威市調公司蓋洛普（Gallup）所發展出的科學化測驗系統，把抽象的天賦概念，具體化為三十四種人傾向如何思考、感受、行為的天賦類型，將其排序組合成為一份個人化優勢分析結果。

大家的喜歡。

現在，無論培訓、授課，還是當教練、做諮詢，每次在工作前，我都充滿期待。即便有時晚上或週末要加班備課，我也樂此不疲。

這種感受與我之前做軟體研發工作時完全不同，我好像找到了自己的天賦使命——幫助他人、成就他人，對此我感覺特別快樂！同時，我的收入也倍增。

做擅長的事，事情會變得簡單，你會更容易獲得成就。

所以，我非常期待能幫助更多人發現和放大自己的優勢，讓自己收穫更多的喜悅和成就，讓工作和生活更美好。這也是我寫本書的初衷。

發揮優勢給你帶來的價值

如果你正面臨以下問題，那麼借助優勢工具，可以幫你很快找到打破僵局的關鍵處：

- 每天機械式的上下班，總覺得動力不足。

- 每天忙忙碌碌，但成果有限。
- 頻繁跳槽，但轉型困難。
- 覺得自己沒有一技之長，進入了職業「天花板」。
- 與同事容易發生衝突，總是合作不順暢。
- 想要尋找更有意義的工作。

一直以來，我們聽到的都是「哪裡不足補哪裡」，這種短板[2]思維讓我們總是關注自己做不好的方面。然而，彌補缺點是一條最難走的路。殊不知，在自己擅長的方面，你才最有求知慾、最有創造力。在過去幾年，我幫助了數萬人發現和發展優勢，見證了優勢為他們帶來的改變和突破。無論是沒有動力、缺乏自信，還是工作迷茫、遇到瓶頸和挑戰，核心問題都在於，對自己的優勢和能力不是很清晰。**人的精力有限，我們應該把大部分精力投入到最顯著的優勢上。**

結合過往培訓和諮詢經歷，我將發揮優勢能帶來的價值總結為五個方面：

2 形容人或事物的弱點（缺點）。

- 找到職業發展定位。
- 快速升職、加薪。
- 提升人際溝通能力。
- 打造優勢互補的高績效團隊。
- 發現孩子和家人的優勢，提升親子關係和親密關係。

關於這五個方面的價值和實現的方法，我在書中都進行了詳細的講述。

每個人都可以成為一束光，在照亮自己的同時，溫暖和成就他人。我們的優勢就是這束光裡最閃耀的部分，它不僅是我們的核心競爭力，還是最重要的資源、動力和槓桿。

為了幫助你更好的發現和運用自己的優勢，本書還分享了大量案例，這些案例都源於我的過往培訓和諮詢經歷，相信你從這些案例中會看到自己的影子。

你還可以透過書中的「思考清單」對自己進行復盤，並透過「小練習」行動起來。運用本書中提供的方法，我相信你能很快發揮優勢的槓桿作用，讓自己脫穎而出！

第一部

發現優勢，站對位置

古希臘物理學家阿基米德曾經說過：「給我一個支點，我就可以撬動地球。」這便是運用槓桿原理巧力辦大事。在現實生活中，優勢就像槓桿一樣，是我們成長和職業發展的有力切入點。

第一章

給我一個支點，我就能撬動地球

如果我們更看重人們好的一面，而不是想辦法修補他們的不足，結果會怎樣？

——心理學家、教育家

唐諾・克里夫頓（Donald O. Clifton）

01 習慣盯著自己不足的人，走不遠

◈案例

辦公室裡，主管正在和部屬小李做年終的績效面談。這一年，小李所做的企劃達成率一〇〇%，還收到不少客戶的好評，業績在團隊中至少排名前三。根據公司的績效考核標準，小李覺得自己今年升職在望，所以心中很期待這次面談。在面談接近尾聲時，主管對小李說：「這段時間辛苦你了，尤其在新企劃的投入上，我看你們花了很多時間和精力，做得很好。但是，也要注意提高其他方面，如情緒管理……。」

小李原本滿懷期待，但主管這一番話讓他覺得升職無望，心情一下子跌至谷底。

「你要改正缺點，彌補不足！」這句話已經深深的烙在我們的內心。小李的主管也是如此，所以他希望小李能彌補缺點。

找到自己的不足，然後制定改進計畫，彌補不足，以實現個人的全方位發展，這是傳統的個人發展方式。

然而，事實真的如此嗎？對數字不敏感的人，即使投入再多的努力，依舊很難做好那些和數字有關的工作。

我們回想一下，在求職面試過程中，決定自己脫穎而出、最終被錄用的關鍵，是自己的不足，還是自己的優勢？

當我們努力彌補自己的不足時，即使做到了，我們取得的結果與付出的努力成正比嗎？

答案很可能是否定的。當我們這樣做時，除了感覺比較吃力之外，心中可能還會有些不情願。這種「不得不做」的壓力，可能來自我們的主管、同

事、家人，甚至社會環境。當然，也有可能是因為我們有一顆不服輸的心——想要挑戰自己。

這就不得不提到管理學中的一個經典理論：木桶原理（Cannikin Law）。很多人對木桶原理的理解是：決定一個人成就大小的並非其優勢，而是其短處。認為木桶原理想要說明的就是我們不要「偏科」[1]，各方面都好才能達到最好的效果。

這也是木桶原理又被稱為「短板理論」的原因，即該原理主張彌補缺點。「短板理論」似乎暗含了我們常說的「取長補短」之意，所以被大眾廣為接受。

但是，木桶原理到底說的是什麼？

一個木桶的盛水量並非取決於最長的那塊木板，而是取決於最短的那塊木板。根據這一點，我們可以得出兩個結論：一是只有所有木板都足夠高，木桶才能盛更多的水；二是只要這個木桶有一塊短的木板，木桶就不可能盛滿水。

1 偏重某些科目。

▼**圖表 1-1** 與工作相關的常見罩門分類。

類別	說明	舉例
知識技能	指在某些知識和技能方面有所欠缺，這類缺點可以透過學習和實踐來提升，是比較容易彌補的。	如演講技能、寫作技能。有些人不擅長在公開場合演講，可以透過學習演講技巧，和提前演練來解決這一問題。
個性、性情	指一個人經常表現出來的、比較穩定的、帶有一定傾向性的心理特徵的總和。每個人的個性不同，適合的職業方向也不同。	個性優柔寡斷的人，很難勝任需要經常做決策的工作；有些人比較感性，容易受自己或他人情緒的影響；有些人則比較理性，不容易受外界的影響。
天賦才能	指一個人在某些方面具有獨特的天賦和潛能。由於才能不同，人們喜歡和擅長做的事也不同，在生活和工作中，自然會有不同的表現。	有些人擅長思考、有些人善於解決問題，有些人則喜歡與人打交道。

在團隊管理方面，木桶原理是適用的。**在一個團隊裡，決定團隊戰鬥力強弱的，不是能力最強、表現最好的那個人，而是能力最弱、表現最差的那個人。**因為，最短的木板會對最長的木板起到限制和制約作用，並決定團隊的戰鬥力和影響團隊的綜合實力。關於團隊打造，本書將在後面章節（見第二〇一頁）詳細展開討論。但**在個人發展方面，與花費精力彌補缺點相比，更有效率的方式是精進長處、發揮優勢。不斷拉長板子的高度**，讓優勢不可替代，並且成為自己的核心競爭力。

當我們盯著自己的不足，總想著彌補缺點時，往往容易忽略自己的優勢。金無足赤，人無完人[2]。每個人都有自己不擅長的方面，也有做起來得心應手的事情，所以，我們更需要揚長避短。

在工作中，揚長避短的前提是充分了解自己。一般情況下，與工作相關的罩門可以分為三類，即知識技能、個性、性情，以及天賦才能（見右頁圖表1-1）。

2 比喻沒有十全十美的事物。也比喻不能要求一個人沒有一點缺點錯誤。

有些透過後天學習和實踐就能得以彌補，如知識技能，有些則很難彌補，如天賦才能。每個人的時間和精力都是有限的，當我們在大力「補短」時，可能就錯過了發揮優勢的機會。

案例

足球明星大衛．貝克漢（David Beckham）曾兩次獲得國際足球總會（Fédération Internationale de Football Association，FIFA，簡稱國際足總）授予的「世界足球先生亞軍」（一九九九年和二〇〇一年）。與很多球員相比，貝克漢的罩門十分明顯。甚至在成為世界著名球星之後，他仍飽受爭議，很多批評都聚焦在他的不足上。曾有人這樣評價貝克漢：「他不會用左腳踢球、不會頭球、不能截球，也得不了很多分，除此之外，他都還不錯。」

在速度方面，貝克漢比大部分進攻型球員都慢得多，但他具有非常出色的定位技術，總能找到一個最佳位置繞過對方的後衛，而且他還具有出色的射門技術和精準的傳球技術。作為足球史上最著名的自由球[3]專家之一，貝克漢被很多人記住了。

據報導，貝克漢常常在其他球員結束訓練以後，仍留在球場練習自由球，而且每次都會練習幾個小時。

試想，如果貝克漢把時間花費在提升跑動速度，或左腳踢球能力，那麼他的職業生涯又會是怎麼樣？結果很可能是泯然眾人[4]，他的名字也就鮮為人知了。

另外，當我們換個角度看問題時，很多人眼中的缺點其實可能是一種優勢。有些人可能會被認為「呆板」，但他們做事一絲不苟、嚴格遵守規則；有些人可能會被認為「話癆」，但他們喜歡表達、擅長與他人溝通。

每個人的做事方式並沒有好壞和優劣之分，關鍵是能否在合適的時機或場合表現出來。當我們看到一個人身上的「缺點」時，換個視角看，說不定恰好就是他的優勢（見下頁圖表1-2）。

3 Free Kick，是一種在足球比賽中發生犯規後重新開始比賽的方法。

4 指人原本才華橫溢或能力突出，備受關注，後來因才華或能力盡失，不再受關注，變得和普通人一樣了。

常見缺點舉例		對應優點（優勢視角）
不懂拒絕	---▸	樂於助人
話太多	---▸	善於口頭表達
做事一板一眼	---▸	遵守規則
做事挑剔	---▸	追求卓越
孤僻冷漠	---▸	獨處能力強

▲**圖表1-2**　短處也可能是優勢。

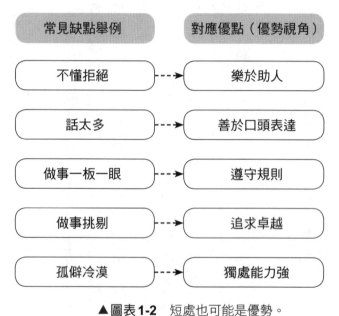

02 用十個問題，找到你的優勢

案例

美國內布拉斯加州立大學（University of Nebraska）針對速讀展開大量研究。超過一千名學生參與了這項研究，研究人員分別在培訓前和培訓後對他們進行了閱讀速度和理解能力測試，結果很有戲劇性。

在培訓前，閱讀速度較慢的學生每分鐘讀九十個字，閱讀速度最快的學生每分鐘讀三百五十個字。經過快速閱讀法培訓之後，閱讀速度較慢的學生將閱讀速度提升至每分鐘一百五十個字，而閱讀速度最快的學生則將閱讀速度提升至每分鐘兩千九百個字（見下頁圖表1-3）。

對於這個結果，研究人員感到十分震驚！

上述研究結果顯示，快速閱讀法訓練對「補短」的學生而言，只有近兩倍的提升；對「發揮優勢」的學生而言，則有近十倍的提升。可見，彌補缺點固然可以提升我們的能力，但是發揮優勢才能激發我們的最大潛能。

當我們做自己擅長的事時，一般都會感覺相對簡單，自然更容易獲得成就；當我們做自己不擅長的事時，即使很努力，效果可能也並不顯著，成就感自然就比較低。

正如上述案例所顯示的，閱讀速度最快的學生，在閱讀方面具有優勢，後天的訓練和投入會將他們的優勢進一步放大，從而達到驚人的效果。這就意味著，如果我們在

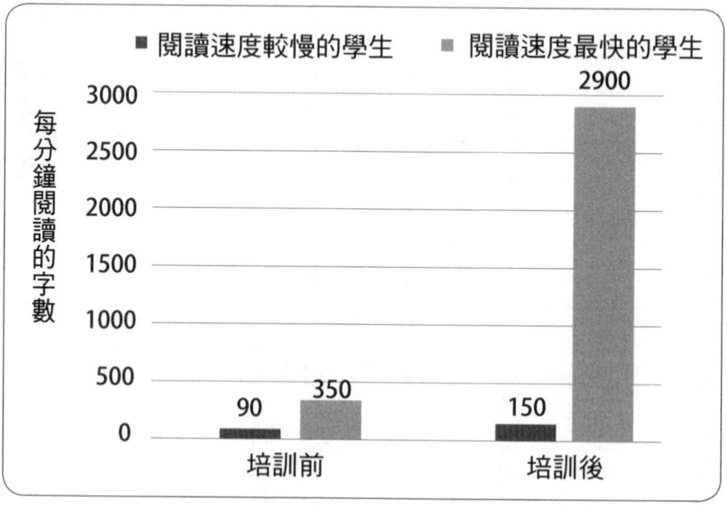

▲**圖表 1-3**　閱讀能力研究結果。

自身優勢上投入較多精力，就會拓展出超乎尋常的發展空間。

人一旦找到自己的獨特優勢，也就找到了自己的核心競爭力。

如果我們在工作中懂得發揮自己的優勢，充分釋放自身的潛能，就能發揮優勢的槓桿作用，這樣不僅可以將業績放大十倍，達成業績的速度也會更快。

業績放大十倍的祕訣

當我們做自己擅長的事時，會覺得如魚得水，而且還會大大降低取得成功的成本，提高成功的機率。

◈案例

蘋果公司（Apple）聯合創始人史蒂夫．賈伯斯（Steve Jobs）並不喜歡大學期間所學的課程，也看不出這些課程的價值，因此他學得很吃力。後來，他選擇了休學，然後去旁聽他覺得有趣的字體設計課。

在學習字體設計時，他感受到了字體的美妙，並且取得了優異的成績。

十年後，賈伯斯帶領蘋果公司團隊，設計出了能夠展現這些漂亮字體的軟體，由他們設計、裝載這些軟體的電腦和手機等電子產品也風靡全球。

假如賈伯斯當年沒有選擇休學，他就不會有機會參加自己喜歡的字體設計課程，蘋果公司團隊設計出的電子產品就不會有這麼多豐富的字體，以及讓人倍感舒適的字體間距。賈伯斯喜歡並擅長創意設計，無論他帶領的團隊設計出的電子產品，還是他創立的皮克斯動畫工作室（Pixar Animation Studios）製作的世界上第一部電腦動畫電影（即《玩具總動員》〔*Toy Story*〕），無一不展示出他在創意設計、創新方面的天賦優勢。

當我們遵循自己內心的指引，做自己喜歡和擅長的事時，往往更容易做出成就，並且將自己的優勢和業績同時放大，發揮優勢的槓桿作用（見圖表1-4）。

▲**圖表 1-4**　業績放大 10 倍的祕訣。

有的人天生喜歡表達，擅長與人溝通，如果他們從事銷售、導遊等需要與人打交道的工作，就會比較容易獲得他人的好感，從而贏得他人的信任。相反的，如果他們做需要經常獨處的工作，可能會覺得很無趣，因為他們的溝通、表達優勢得不到發揮。

關於如何找到自己的天賦優勢，我將會在第二章（第七十五頁）介紹四條線索。你也可以透過下頁的「天賦優勢小測試」，看看自己在工作方面具有哪些天賦優勢。

思考清單

- □ 回顧過往的學習和工作經歷，我一直在做彌補自己缺點的事。
- □ 回顧過往的學習和工作經歷，我一直在做發揮自己優勢的事。
- □ 從以前到現在，我主要在做發揮自己優勢的事，偶爾會彌補缺點。

天賦優勢小測試

請你根據自己的實際情況和第一反應，就下面 10 種描述為自己打分，看看自己在工作方面具有哪些天賦優勢。

1 分＝很不同意，2 分＝不同意，3 分＝既不同意也不反對，4 分＝同意，5 分＝非常同意。

1. 善於發現和解決問題，熱衷於排憂解難。

   1　　2　　3　　4　　5

2. 行動力強，能夠將想法快速付諸行動。

   1　　2　　3　　4　　5

3. 具備很強的組織協調能力，做事情靈活有效率，善於合理安排資源。

   1　　2　　3　　4　　5

4. 為人謹慎，做事嚴謹，做決定前會考慮各種可能性，並做好充分的準備。

   1　　2　　3　　4　　5

（接下頁）

5. 做事鍥而不捨，喜歡忙碌充實的生活，渴望有所建樹。

1　2　3　4　5

6. 能夠換位思考，設身處地為他人著想，體會他人的感受。

1　2　3　4　5

7. 喜歡展望未來，能描繪出未來可能會發生的場景。

1　2　3　4　5

8. 喜歡腦力活動，善於思考，並且也喜歡自省和沉思。

1　2　3　4　5

9. 善於表達自己的想法，擅長講解和表達。

1　2　3　4　5

10. 渴望不斷提升自我，享受求知的過程，努力學習。

1　2　3　4　5

請找出得分最高的三項，將序號與圖表1-5的十項天賦優勢相對應，這三項就是你的天賦優勢。

舉例來說，在「天賦優勢小測試」中，得分最高的前三項依序為第四題、第六題的五分，以及第五題的四分。與圖表1-5比對可得知，風險評估能力、共情力，以及執行力是你的天賦優勢。

「天賦優勢小測試」成績

題號	分數	題號	分數
1	3	**6**	5
2	3	**7**	2
3	3	**8**	2
4	5	**9**	2
5	4	**10**	3

1. 解決問題能力	6. 共情力
2. 行動力	7. 前瞻力
3. 組織協調能力	8. 思考力
4. 風險評估能力	9. 表達力
5. 執行力	10. 學習力

▲**圖表 1-5**　10 項常見天賦優勢。

03 專注拿手的事，成功率最高

你可能會問：「既然要發揮優勢，那是不是就不必關注自己的短處了？」我們宣導發揮優勢，並不意味著忽略短處。而且有時我們確實需要關注自己的短處，尤其當它影響我們達成某個目標時。以工作述職為例。一個人在工作述職中的表現，可能與其績效考核緊密相關，此時，如果他不擅長表達，述職需要用到的演講和彙報技能，就是他需要加強的部分。

「每次看到臺下坐著那麼多位主管，我就會特別緊張，不知道該怎麼說話……。」這是我經常收到的學員留言，他們大都是五百強企業的員工，工作很努力，並且得到主管的認可，但是一到工作彙報、工作述職等公開發表談話時，他們就難以自如的表達。顯然，演講和彙報技能此時就成了影響他們的罩門。

在這種情況下，他們可以學習商務演講技巧，提升自己當眾表達的能力，從而降低公開表達這方面的不足對自己的影響。同時，他們也要學會在彙報中展示自己的優勢和業績，不要讓缺點成為自己職業發展的絆腳石。對此，我將在第三章（見第一一九頁）中詳細介紹如何管理缺點和展示優勢。

當然，這並不意味著每個人都要成為演講高手，而是要掌握演講和彙報工作的基本技巧，能夠在工作述職中表現自如，達成自己的述職目標。

如果你的大部分日常工作只需獨自完成，如設計圖、程式設計、寫文案，並且這些日常工作與表達、演講基本不相關，甚至也不需要你做工作述職，那麼公開表達這個罩門就不會成為你的阻礙，此時，就可以暫時忽略。在職場上，決定一個人升職、加薪的一定是他的優勢，而缺點只要不影響優勢發揮即可。

補強缺點可以防止失敗，發揮優勢才能通向成功。

當你做自己擅長的事，並管理好自己的短處時，就會把這件事做得越來越好，你的業績也會突飛猛進。所以，個人成長和職業發展的最佳模式是找對優勢、精準努力，即專注於發展自己的優勢，把長處變得更加突出，讓其成為自己的核心競爭力。

找對優勢，精準努力，讓你的努力一步到位。

來自蓋洛普公司的研究資料顯示（見第四十四頁圖表1-6），發揮優勢會使人們在工作中更有自信，有更好的工作表現和業績。企業基於優勢理論打造團隊，不僅能讓員工更敬業，還能大幅提升企業的經營業績，如銷售額、績效和利潤等。當團隊管理者關注員工的短處時，員工的敬業機率是四五％，怠業機率是二二％；當團隊管理者關注員工的優勢時，員工的敬業機率可提升至六一％，而怠業機率則下降至一％（見下頁圖表1-7）。

無論我們想要獲得個人的加速成長，還是想要在企業和團隊中有更好的發展，發揮優勢帶來的價值，遠超過關注和彌補缺點帶來的價值。

思考清單

- □ 作為團隊管理者，我更關注員工的優勢。
- □ 比起員工的優勢，我更關注員工的短處。
- □ 身為團隊管理者，我只關注工作，不關注員工。

基於優勢發展的員工

- 敬業的可能性是其他人的 6 倍。
- 認為每天都有機會發揮優勢的可能性，是其他人的 6 倍。
- 擁有高品質生活的可能性是其他人的 3 倍。

基於優勢發展的企業

- 員工敬業的機率提高 7% ～ 23%。
- 銷售額增加 10% ～ 19%。
- 績效提升 8% ～ 18%。
- 利潤增長 14% ～ 29%。

* 資料來自蓋洛普諮詢公司官網。

▲**圖表1-6**　基於優勢發展的企業和員工。

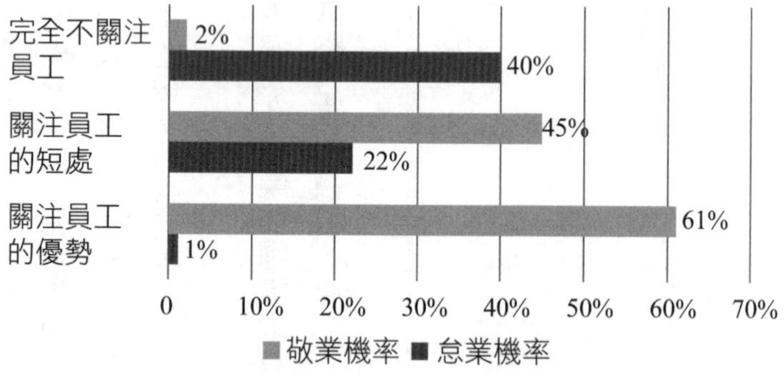
完全不關注員工
2%
40%
關注員工的短處
45%
22%
關注員工的優勢
61%
1%
0
10%
20%
30%
40%
50%
60%
70%
敬業機率
怠業機率

* 資料來自《蓋洛普優勢識別器 2.0》（*StrengthsFinder 2.0*）。

▲**圖表 1-7**　管理者的不同關注對員工的影響。

這種強化優勢發展的取向還能幫助我們看到自己和他人做得好的方面，並進行積極引導，即優勢視角。

優勢視角能夠指導人們朝著更積極、更符合自身天賦潛能的方向前進。在發展優勢的過程中，我們也更容易獲得喜悅感和滿足感。

一個人最大的成長空間，來自他最強的優勢領域。

致勝時刻 TIPS

- 機會成本。

我們做出一個選擇，就意味著要放棄其他可能，這就反映出選擇的機會成本。選擇做自己擅長的事情，代表我們花費的機會成本最小，獲得的利益最大。

比爾・蓋茲（Bill Gates）十八歲考入哈佛大學，但是他沒有完成大學學業，而是選擇中途輟學，與朋友一起創辦了微軟（Microsoft）公司，後來成為世界首富，並且連續十三年在富比士全球富豪榜（The World's Billionaires）排名第一。

如果比爾・蓋茲堅持完成大學學業，那麼微軟公司也許就會錯過最好的發展機會，甚至根本不會問世。

● 效率原則。

把精力放在自己擅長的事上，避開短處，或者將自己不擅長的工作交給擅長的人去做，這將有利於提高效率，把時間和精力用在刀刃上。

假如你擅長英語，不擅長數學，那麼當你從事與英語相關的工作時，效率會明顯高於從事與數學相關的工作。

因此，如果你並不擅長做某項工作，那不如讓一個擅長的人來做，這樣便能實現省時且高效的工作，這也是管理短處的一種方法。

04 一團糟時，優勢冰山模型能幫你

在工作中，我們看似擁有某些經驗和能力，但如果我們的內心缺乏熱愛，就會陷入勉強支撐、難以有所作為的境地，不知道真正「屬於自己」的優勢關鍵點在哪。因此，找到屬於自己的優勢很重要。

知己知彼，百戰百勝。在職場中，如果我們不了解自己的優勢和劣勢，就很難將精力集中在自己的優勢上，更別說揚長避短。那有沒有什麼方法可以幫助我們快速梳理自己的優勢，進而讓自身的潛能得以釋放？

我們可以透過優勢冰山模型（見下頁圖表1-8）深入了解優勢的構成。優勢包括冰山上層和冰山下層。在水面以上的部分叫冰山上層，包括一個人擁有的知識、技能、資源等優勢，這部分優勢也叫顯性優勢，比較容易被識別。在水面以下的部分叫冰山下層，是一個人內在的、隱藏的才能、性格優勢，這部分優勢相對不易被識別。

冰山上層：知識、技能、資源

在過往的學習和工作經歷中，你已經掌握了哪些知識和技能、擁有哪些資源呢？

在職場中，知識和技能是我們在過往經歷中已經累積的專業能力。

比如，在求職網站上瀏覽徵人資訊時，我們會看到職務說明中寫「具備○○能力」的要求。這些能力就是一個人已經掌握的知識和技能。

知識是一個人知道什麼，技能是一個人會做什麼，技能通常是知識的一種外在行為展現。

在參加求職面試時，面試官會重點

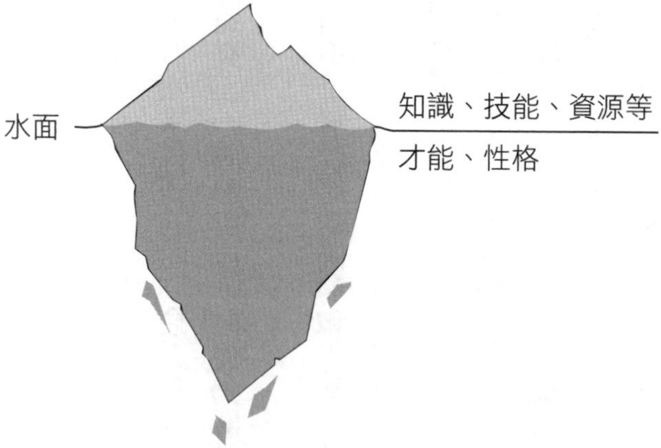

▲**圖表 1-8**　透過優勢冰山模型，能深入了解優勢的構成。

了解你是否具備應徵職位所需的專業能力（也就是你已經擁有的知識、技能和工作經驗），同時會考慮你在該職位是否具有發展潛力（見圖表1-9）。

你可以透過後天的學習和實踐，不斷的豐富自己的知識，提高自己的技能。如果你正在考慮換工作或換職業，那麼可以先看看自己在知識和技能（專業能力）層面是否滿足應徵職位的要求。如果有差距，那你可以先縮小差距，再投遞簡歷，這樣，求職成功的機率會更高。

資源優勢是一個人在人際關係、環境、平臺等方面擁有的外在優勢（見下頁圖表1-10）。

比如，小A認識很多做人力資源和獵

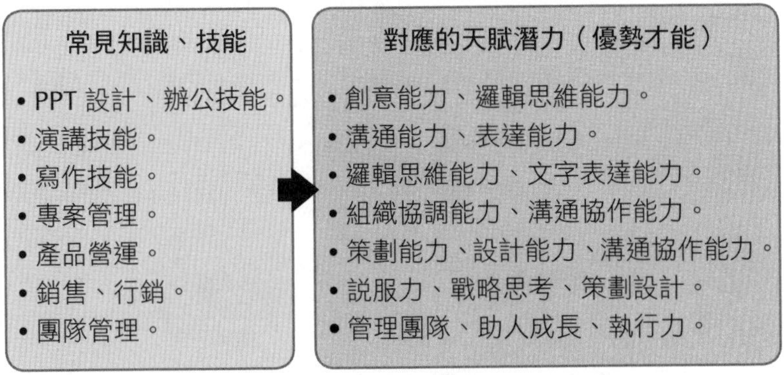
常見知識、技能
• PPT 設計、辦公技能。
• 演講技能。
• 寫作技能。
• 專案管理。
• 產品營運。
• 銷售、行銷。
• 團隊管理。
對應的天賦潛力（優勢才能）
• 創意能力、邏輯思維能力。
• 溝通能力、表達能力。
• 邏輯思維能力、文字表達能力。
• 組織協調能力、溝通協作能力。
• 策劃能力、設計能力、溝通協作能力。
• 說服力、戰略思考、策劃設計。
• 管理團隊、助人成長、執行力。

▲**圖表 1-9**　常見知識、技能和對應的天賦潛質。

頭[5]的朋友，當他想要換工作或換職業的時候，這些朋友就能給予他支援。

再舉一個例子，小A在一家公司工作五年，遇到了職業發展瓶頸，此時，他應該開闢新的職業方向，還是待在現有行業、換個公司繼續深耕？如果他想繼續深耕，未來的發展前景似乎一眼就能看到盡頭且令人擔憂，此時他該做出怎樣的選擇？

如果小A梳理了自己的優勢，那麼如何選擇便不言自明。因此，我們可以透過了解自己的優勢，找到適合自己的工作方向，突破職業

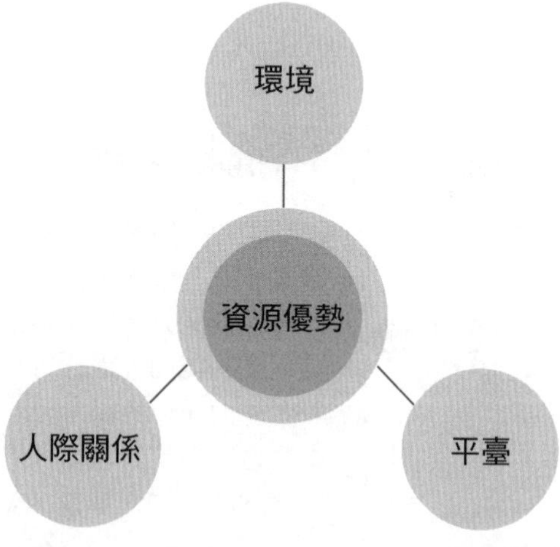

▲**圖表 1-10**　資源優勢是一個人在人際關係、環境、平臺等方面擁有的外在優勢。

瓶頸。

當然，小A也可以借助外力，讓專業的優勢教練或諮詢師幫助自己解答疑惑。我經常會收到一對一諮詢的需求，這些人請我幫助他們深入挖掘自己的優勢，進行職業發展輔導。這些外力和平臺都是我們可以運用的資源優勢。

利用資源優勢，學會借力，會讓你事半功倍。

此外，冰山上層的優勢還包括一個人的身高、聲音等相對外顯的優勢。對於一些體育競技項目，一個人的身高很重要。聲音也是如此，如果一個人天生有副好嗓音，那麼當歌手和廣播員就具有先天優勢。

冰山下層：才能、性格

才能（又叫能力、天賦）指一個人潛意識的、可以被高效運用的思維模式、感受或行為，是他在某些方面或某些領域，本能的體現出來的特長。

5 Headhunter，專門為求職者找公司、為公司找職員的工作。

一個人為什麼會做出某種選擇、喜歡某些特定的事物、對某些事情更加擅長？萬事皆有因，此處的「因」便是他的才能。

在工作中，主管交給你一項任務，你的第一反應是什麼？立刻去做、想一想再做、先查詢資料再做，還是先和同事溝通、交流後再做？顯然，每個人思考問題和做事的方式都不盡相同。這些不同正是由每個人的才能模式決定的。

有些人執行力很強，精力總是很充沛，彷彿渾身有使不完的勁。當與他們一起工作時，你會不自覺的被吸引和感染，自己的執行力也得以增強。有些人則安靜內斂，很有定力，彷彿周圍的人和事很難影響自己。當與他們一起工作時，你也會逐漸沉靜下來，定心凝神，專注做事。

這些都與一個人的才能模式有關。一個人的才能不容易被很快識別出來，除非你有系統的學習了優勢教練課程，對這些才能非常熟悉。這些不容易被識別出來的才能決定了人們的做事方式、思維模式及感受模式。

你可以透過第三十八頁的「天賦優勢小測試」找到自己的突出才能。此外，我會在第二章（見第七十五頁）中介紹發現優勢的方法。

如果我們清楚了自己的天賦優勢，並且後天能投入精力進行刻意練習，就能讓才能成為我們獨特的優勢，從而釋放自身的潛能，創造巨大的價值。

性格（又叫品格）指一個人在思想品德方面的優勢，如誠實、善良、勇敢等。剛認識一個人時，我們往往很難立刻了解他的品性或品德。這也是為什麼性格優勢在冰山下層，因為它相對不容易被識別出來。冰山下層的內容會影響一個人的價值觀。如果你想深入了解自己在性格方面的優勢，可以閱讀附錄的VIA性格優勢測驗（見第二六三頁）。

找到優勢TIPS

- 透過「天賦優勢小測試」找到自己的突出才能。
- 梳理自己的知識、技能、資源優勢。
- 閱讀第二章，繼續發掘和定位自己的優勢。

05 「別人家的孩子」為何總比我好

案例

黛西曾經在IT行業工作十年，後經職業轉型進入金融行業，成為財富管理方面的保險經紀人。

二〇二一年五月，失戀後的她產生了很多自我否定情緒，覺得自己什麼都做不好，做什麼事都提不起勁。有一天，她無意間看到優勢教練課的招生資訊，為了找到自己的優勢，報名參加了優勢教練課程。

在學習的過程中，她一點一滴的發現自己、認識自己。她說學習課程後的最大感受是她可以按自己的節奏做自己。

一旦我們知道哪些事情自己能夠做得又好又快，就會變得更有自信；而知道自己不擅長做哪些事情，我們可以不強求自己，進而接納真實的自己。

我們只有調整好自己的狀態，才能處理好自己和外界的關係，將工作做得更好，從而讓我們的內在和外在都變得更加富足。

黛西回顧這一年的學習經歷，分享了自己的四點轉變和突破。

- 從原來患得患失的「神經病」變成了「胸有定見」，從消極對待轉向積極應對。
- 從自我懷疑和自我否定到自信、堅定和堅韌。
- 在不斷學習和精進自己的優勢後，把優勢運用到自己的工作中，實現了更多突破。
- 在財富層面，對於管理財富的量級從原來的幾十萬元，提升到了幾百萬元，自己的收入也實現了十倍的增長。

從經歷失戀的痛苦、自我懷疑和否定，到積極應對、自信堅定，管理的財富量級從幾十萬元到幾百萬元，讓業績實現十倍的增長，黛西是怎麼做到的？她分享了以下三個關鍵點：

第一，透過優勢教練課的學習，找到自身優勢，建立自信。運用在課程中學到的方法時，她回想起過往的經歷，看到了自己所擁有的東西，於是慢慢變得更有信心。比如，她曾經在IT行業工作，在她負責和參與的專案中，她總是能夠幫助大家齊心協力的完成專案，並且很少與他人發生衝突。她學習能力強，善於總結和復盤，所以幫公司規避了很多風險。

她感嘆道：「**我們不可能什麼都有，也不會什麼都沒有。如果你忘了自己是誰，那就想想曾經閃亮的自己**，或者找一位優勢教練諮詢，獲得專業的指導。」

第二，對自己的突出才能進行實踐和運用，在工作中合理發揮優勢。在蓋洛普優勢測驗中，黛西的突出才能有和諧、學習、思維和蒐集，之後她在工作中發揮了自身優勢（見下頁圖表1-11）。

才能是我們內在具有的能力，如果我們在自己的才能方面投入一定的精力，它就會變成我們的優勢。同時，才能是我們下意識的做事方式和思維方式，很多時候，我們會不自覺的「過度使用」它。而才能被過度使用就會變為劣勢，給我們帶來負面影響。

▼**圖表 1-11**　黛西在工作中是如何發揮優勢。

優勢才能	如何幫助我實現目標
和諧	我會根據客戶的需求訂製方案，讓客戶知道，我和他的目標是一致的。當客戶有反對意見時，我會換位思考，基於共同目標與客戶達成一致意見。對自己所從事的領域要有堅定的立場，給客戶提供建設性的意見，發揮專業人士的作用。當然，我也要溫柔而堅定，尊重客戶的選擇。
學習	我從原來的 IT 行業轉型到金融行業，積極發揮學習優勢，快速掌握工作中需要的知識，讓自己變得專業，從而能為客戶提供更好的服務，我不再像以前那樣學習各種課程了，而是讓自己更加集中精力。
思維、蒐集	「思維＋蒐集」才能的組合，讓我能夠為客戶提供周全、嚴選的方案。主動發揮這兩項才能後，我們給出的方案獲得了很多客戶的積極回饋。比如，「我擔憂的問題妳都提前制定了備選方案，這讓我很驚喜。」、「妳想得很周全，很多是我自己都沒有想到的。」

比如，黛西具有維護人際關係和諧的才能，但過度使用這項才能，可能會讓她在做事的過程中難以做到立場堅定；過度使用學習才能會讓她把很多精力花在學習各種課程上，而忽略輸出和轉化，甚至購買很多課程卻來不及學習。深入學習優勢教練課後，她就能合理的管理和發揮自己的優勢了。

第三，發揮團隊優勢，實現優勢互補。

在團隊中，我們需要了解團隊成員的優勢，大家優勢互補才能充分發揮團隊的力量。

黛西在影響力和關係建立方面的得分排名相對靠後（蓋洛普優勢四大領域是執行力、影響力、關係建立和戰略思維，詳見第二六一頁），但這兩個方面對她推動工作十分必要。剛開始做這兩方面的事情時，讓她覺得很痛苦。她的合夥人對她說：「妳看〇〇〇做得多好，妳可以多學習一下。」

「別人家的孩子」一度困擾著她。幸運的是，她參加了課程，並且把這門課分享給團隊的夥伴。她說：「我知道大家都有各自的優勢，都會形成自己的工作風格。」

團隊的其他人後續也都做了測驗。大家互相探討如何合作才能取長補短，互相激勵，互相學習。比如，黛西在影響力方面不擅長，而團隊中剛好有人在這方面具有優勢，於是黛西與他配合，形成互補。

她說：「我的合夥人再也沒有跟我說過『別人家的孩子』了，我們的團隊在第二季度還獲得了人均排名第一的成績。」

實現財富倍增的TIPS

- 找到自己的優勢，建立自信。
- 在工作中合理投入才能，避免過度使用優勢。
- 建立優勢互補，發揮團隊的力量。

06 一張清單寫出你的優勢

個人成長和職業發展的關鍵，不是我們想辦法把自己不能勝任的事做好，而是釐清自己擅長做的事，也就是找到自己的優勢所在。結合本章的內容，我們可以用一張表梳理自己的強項。後面兩個案例展示了，如何運用優勢梳理清單發現自己的優勢。

案例

小雪在國營企業做專案管理工作，在三十多歲時遇到職業瓶頸，因工作成果得不到主管的肯定和欣賞感到很失落。她以為是自己不夠努力。

為了擺脫這種糟糕的狀況，她開始不停的學習，希望彌補自己的短處，可是一段時間過去了，糟糕的狀況並沒有發生實質性的改變。她感到很迷茫，不知道自己能做什麼、想做什麼，甚至連自己內心真正的期待都開始變得模糊了。

和小雪溝通後，我發現她其實只是不知道如何梳理自己的優勢，我們用優勢梳理清單（見圖表1-12）列出她的各項強項，她立刻就看到了不一樣的自己。

小雪擁有豐富的知識和技能，涉獵的領域有食品工程、育兒、專案管理……從才能和性格中，可以看到她在學習、專注方面的優勢。在工作方面，她可以聚焦一個發展方向，在一個領域持續深耕，打造自己的核心競爭力。

現在，小雪會透過優勢視角看待家人、朋友和同事，人際關係在不知不覺中得到了改善，工作效率也不斷提升。更重要的是，她還找到了自己的工作甜蜜點（在第四章中將會介紹如何尋找工作甜蜜點）。她會有意識的做更能激發自己熱情的事、能在各方面提升自己的

知識： 食品工程、個人品牌、育兒、財務報表。

技能： 專案管理、時間管理、批判性思維、結構化思維、人際溝通、理財。

資源： 學習圈、人際關係、資源。

才能： 和諧、學習、思維、公平、專注。

性格： 善良、誠實、樂觀。

其他優勢： 暫無。

▲**圖表 1-12** 小雪的優勢梳理清單。

工作，並且有意識的建立自己的優勢團隊。

案例

小徐在一家五百強外資企業擔任經理，負責大客戶經營。她已經工作十七年了，正考慮職業轉型。但在重新做職業規畫時，她一直很迷茫。在學習課程之後，她逐漸找到了方向，並結合自己的優勢找到了屬於自己的核心競爭力，最終圍繞該核心競爭力形成了職業目標。

在迷茫時，她購買了很多課程，雖然學到了很多知識，但對她重新規畫職業目標沒有太大幫助，還浪費了很多精力。在了解自己的優勢後，她確認了自己的職業方向和目標，她說：「所有不以目標為出發點的學習都是背道而馳。」圖表1-13是她在了解自己優勢的過程中

知識：管理心理學、優勢教練、科學瘦身、營養師。

技能：英語、法語、時間管理、專案管理。

資源：培訓平臺、管理學、心理學。

才能：理念、個別、交往、審慎、排難。

性格：善良、責任、愛心、熱心、同理心。

其他優勢：有創意。

▲**圖表1-13**　小徐的優勢梳理清單。

做的優勢梳理清單。

小徐在管理學方面擁有豐富的知識，學習課程後，她確認了發展目標。她還把管理學與優勢教練技術相結合，將優勢輔導用在團隊管理上，充分發揮專業優勢。從才能和性格優勢中，我們可以看到她喜歡與人交往，善良且富有愛心。而且，她還是一個有想法、有創意的人。

優勢梳理清單能幫助我們梳理自己的優勢。現在，你可以根據優勢冰山模型的內容，完成下面的「小練習」。如果你對自己的才能還不是很確定，可以在閱讀第二章的內容後再填寫這個清單。相信在梳理自己的優勢後，你會對自己有更深入的了解，也許還會有新的發現。

小練習：我的優勢梳理清單

知識：

技能：

資源：

才能：

性格：

其他優勢：

第二章

優勢，就是你輕鬆就能做好的事

如果我們都做自己最擅長的事，會對自己大吃一驚。

——發明家

湯瑪斯・阿爾瓦・愛迪生（Thomas Alva Edison）

01 做喜歡的事，還是擅長的事？

案例

有一次，星巴克公司創始人霍華・舒茲（Howard Schultz）在倫敦一條非常繁華的街道上，發現了一家很小的乳酪店。舒茲十分好奇，在房租如此昂貴的地段銷售乳酪這樣的日常食品，獲得的利潤能夠負擔昂貴的房租嗎？於是，他走進店內，希望一探究竟。

進門後，他看到一位留著鬍子的老爺爺一邊唱著歌，一邊切著乳酪，一副開心、滿足的樣子。舒茲不禁單刀直入的問道：「你在這裡開這家店，賺的錢夠繳房租嗎？」

「你先買一些乳酪，我再告訴你。」老爺爺這樣回答。

舒茲買完乳酪後，老爺爺說：「年輕人，你出來，我和你聊聊。」

他指著外面的商店說：「你看，從這頭到那頭，再到那頭，都是我們家的，我們家幾代人一直在這裡賣乳酪。除了賣乳酪，我對其他生意不感興趣，也不會做，我們買了很多店面，然後租給他人經營。我依舊賣我的乳酪，我覺得特別快樂。我兒子現在還在離這半小時路程的農莊做乳酪呢。」

這位老爺爺是幸運的，很早就找到自己喜歡做的事，而且透過購買店面並出租的方式，為自己持續做喜歡的事創造條件。他始終在做自己感興趣的事，所以他感到快樂和滿足。

有些人很早就知道自己喜歡什麼和不喜歡什麼，然後專注的做自己喜歡的事。這類人會收穫幸福、快樂，如案例中的老爺爺，或者收穫事業上的成果，如雜交水稻育種專家袁隆平。

「共和國勳章」[1]得主袁隆平，從一九五六年開始帶著學生展開農學實驗，直到耄耋[2]之年依然保持著每天到農田的習慣。袁老先生說自己有兩個夢想：一個是「禾下乘涼」，另一個是「雜交水稻覆蓋全球」。袁老先生研究雜交水稻的過程經歷了許多曲折和坎坷，但是他從未想過放棄，始終堅守心中的兩個夢想，直到生命的最後一刻。

有些人可能較晚才找到自己喜歡的事業，演員王德順便是其中之一。王德順被譽為「最帥大爺」，因為他以近八十歲的高齡出現在國際時裝週的伸展臺上，並以傑出的表現震撼了全場觀眾。八十歲高齡的他過得比二十歲時自信，比三十歲時自在，比四十歲時有活力。

當你說一切太晚時，它可能是你退卻的藉口。沒有人可以阻止你成功，除了你自己。

——王德順

有些人認為自己找到了喜歡做的事情，便創造機會、投入時間和精力從事相關的工作。一段時間後，他們發現這些工作和自己最初的設想有差距。這種現象很常見。比如，小A覺得自己喜歡寫作，就潛心研究各種寫作方法；一年後，他

1 中華人民共和國政府授予公民的一種勳章，是現行中國國家勳章和國家榮譽制度中最高的一級。
2 音同茂疊，耄，指年紀約八、九十歲；耋，年紀約七、八十歲。「耄耋」指年紀很大的老人。

發現自己對寫作已經失去熱情，又喜歡上了攝影。這表示寫作並非小A真正喜歡做的事。

如何找到自己內心真正喜歡做的事？如何判斷某項工作是不是自己熱愛終身的事業？我在本書第四章（見第一四九頁）中介紹了相關方法。

有些人知道自己喜歡做什麼，但無法放棄目前的工作，改投入自己喜歡做的事，因為做自己喜歡的事，可能會使收入暫時下降，甚至難以維持生計，所以為此頗感苦惱。此時，建議大家可以**利用業餘時間嘗試**。

比如，小A發現自己很喜歡畫畫，每天都會主動畫一幅畫，每次畫畫後都覺得特別開心。但是「畫畫」在短期內並不能給他帶來收益。此時，他就可以有系統的梳理自身的優勢，在自己的優勢和才能中，找到與畫畫關聯度比較高的職業發展方向。

假如小A的才能包括創造能力，那他可以在業餘時間做插畫師等與畫畫關聯度比較高的工作，邊做邊精進自己的繪畫技能。也許不久之後，他就能成為專業的插畫師，在獲得收入的同時，還能促進自己的繪畫創作，讓更多人看到自己在這方面的優勢，進而贏得更多機會和可能性。

當副業創造的收入達到自己期待的水準，或者與主業收入差距不大時，小A**就可以考慮全職從事副業，將副業變成自己的主業**。此時，從事自己熱愛且優勢所在的工作，小A幹勁十足，每天都感到充實且快樂，也會獲得更高的成就。

還有些人不知道自己真正喜歡什麼，他們覺得這個好，就去試試；覺得那個也不錯，並且看到身邊有朋友做得好，自己也想追隨。這恐怕是許多人都有的內心想法。下面這些話是我們經常會聽到的：

「我很努力，花錢上了很多課，但是不知道為什麼還是沒有什麼成果。」

「現在工作、家庭就夠我忙了，等我退休後有時間就去做自己喜歡的事。」

「我覺得做好當下的事更重要，雖然我不喜歡，有時還感覺很痛苦，但是沒辦法呀！」

在沒有找到自己真正喜歡做的事之前，我們不妨多做一些自己擅長的事。因為與尋找自己真正喜歡做什麼相比，人們更容易找到自己擅長什麼。

也有些人從來沒有想過可以做自己喜歡的事，所以並未嘗試發掘自己的優勢。因此，如果你想要有所轉變，想要在工作上收穫更多喜悅和成就，應該主動去尋找自己真正喜歡做的事。請回答下面的問題：

- 你喜歡音樂還是畫畫？
- 你喜歡寫作還是公開演講？

是不是覺得難以做出選擇？特別是當這件事你都沒有真正嘗試過時，不知道自己是不是真的喜歡也就很自然了。但是，如果將上面兩個問題稍微變一下，回答起來就會更容易：

- 你更擅長音樂還是畫畫？
- 你更擅長寫作還是公開演講？

如何找到自己擅長做的事呢？在理想情況下，我們真正喜歡做的事就是自己擅長做的事。在這種情況下，我們的幸福感就會提升，並且會擁有較高的工作甜蜜點。

另外，我們還需要基於自己的優勢，主動創造機會做自己喜歡的事。這種機會分兩種：一種是為自己喜歡的事「造血」，就像賣乳酪的老爺爺，家裡幾代人一直賣乳酪，並且在做這件事時覺得特別快樂，為了支持自己熱愛的事業，他們購買了很多店面，用於賺取租金；另一種是抓住各種機會，嘗試做自己喜歡的事情，以我為例，我曾嘗試過組織、宣傳、演講，最終找到自己熱愛的事業。一旦你找到自己真正喜歡做的事，就會發現自己做得越來越得心應手，也會越來越快樂，甚至越來越有成就感。

找到自己擅長做的事，如果恰好這也是你真正熱愛的事，就可以持續投入，長期深耕。

如果你擅長畫畫，也非常喜歡畫畫，就可以不斷精進自己的繪畫技能，持續創作，也許幾年後你會成為小有成就的畫家。如果你擅長寫作，也十分喜歡寫作，就可以持續提升自己的寫作技能，也許幾年後你就能以寫作為自己的職業。

多做自己優勢支持的事，特別是天賦優勢支持的事，你會更容易獲得成就。對數字不敏感，卻想成為理財師；沒有一副好嗓音，但堅持想成為歌手，這可能會讓實現夢想的道路變得異常艱難。

每個人都擁有巨大的潛能。我們永遠不知道還可以從自己身上挖掘出哪些潛能，直到它們變成自己的優勢，為自己帶來積極的成果。所以，不要輕易給自己的人生設限，你喜歡什麼、熱愛什麼，就要勇敢的嘗試。

思考清單

- □ 我現在從事的工作是自己真正喜歡做的事。
- □ 我正在自己擅長的領域工作。
- □ 我目前的工作是我喜歡又擅長的。

02 四條線索找出天賦潛能

很多人對自己的優勢了解不夠全面，誤以為自己「沒有一技之長」或「沒什麼優勢」，有人甚至因此產生了自卑心理。

在過往的諮詢案例中，我經常會收到類似下面的留言：

「老師，如果我發現自己沒有任何天賦，是不是就是我沒有優勢？」

「我覺得自己沒什麼優勢，很苦惱，不知道自己可以做什麼樣的工作。」

「雖然我在現在的部門小有成就，但總認為自己不喜歡這份工作，每天還很累，好像陷入了一個死局，無法突破。我想做技術管理，但既沒有優勢獲得相應的職位，又害怕喪失原有技能，因為自己的技術不夠強，想學又找不到關鍵處。於是，我開始懷疑自己是否適合做……。」

有時候，我們會很迷茫，找不到方向，甚至懷疑自己。但每個人都有自己的潛能，只是這些潛能很容易被習慣掩蓋、被惰性消磨。更重要的是，有些人還沒有意識到優勢的重要性，更別提掌握發揮優勢的方法了。

在第一章中，我介紹了優勢冰山模型，包括冰山上層的知識、技能、資源及冰山下層的才能、性格。

每個人都擁有屬於自己的優勢，只是處於冰山上層的易於顯現，冰山下層的可能需要我們努力尋找。

對於那些不易被發現的才能和品質優勢，我們可以借助測驗工具來發掘。蓋洛普優勢測驗便是其中一種工具，它包含三十四項才能（見第二六一頁）。第一章中黛西的案例，就是個體透過蓋洛普優勢測驗發掘和運用自己才能的典範。

就像每個人的指紋獨一無二一樣，每個人的才能排序也是獨特的。根據蓋洛普研究統計，任意兩個人的前五項才能相同，且排序也相同的機率是三千三百萬分之一。

每個人都有獨一無二的天賦才能，也都擁有與眾不同的優勢。我總結了四條線索，幫助你發掘自己的優勢。

第一條線索：無限嚮往

你會被什麼事情自然而然的吸引？你的內心對什麼樣的活動充滿渴望？你在做完什麼樣的事情之後會忍不住說：「什麼時候可以再來一次」？

即使是看電視劇、打球、玩遊戲，也可以。重要的是要找到背後是什麼因素在驅動著你。下頁圖表2-1的「無限嚮往」事件範例來自訓練營學員的分享。

注意，這裡的「無限嚮往」是指**你曾經做過的、讓你充滿熱情、渴望再次嘗試的事情或類似的事情**。

以我的朋友無戒老師為例，她是一名作家，在讀高中時寫了第一部小說。畢業後她從事過其他工作，創業四次都以失敗告終，後來又開始寫小說，並出版了多部小說，還教他人如何寫作，實現了自己的寫作夢想。因此，寫作就是她「無限嚮往」的事情。

讓你無限嚮往的事情有哪些？你可以在本章最後一節的「小練習」（見第一〇七頁）中寫下來。

▼**圖表 2-1**　「無限嚮往」事件範例。

「無限嚮往」的事情	對應的天賦潛能
我從小就喜歡與人聊天，甚至能和朋友聊整晚。	表達能力、交際能力。
對美好的事物無限嚮往，總覺得做任何事沒有最好，只有更好。	追求卓越。
按照流程和制度做事，心中覺得有章可循，做起來勁頭十足，所以即使新流程和制度在推行過程中遇到阻力，我也能想辦法化解。	執行力。
我喜歡旅遊，感受不同地方的風土人情並欣賞大自然的美景，這會讓我覺得生活很美妙。	好奇心、探索能力。
透過自己的知識和技能，能夠給予他人幫助和激勵，自己也感到被賦能，很喜歡這樣的感覺。	伯樂才幹、助人成長。

第二條線索：一學就會

什麼樣的事情是你一學就會，或很快就能掌握的？那些**你很快就能學會的事情，也許就是你的某些才能在發揮作用**。下頁圖表2-2的「一學就會」事件範例是來自訓練營學員的分享。

在這些範例中，有你一學就會的事情嗎？你可能選擇了其中幾個，也可能一個都沒有選。這意味著，每個人一學就會的事情是不一樣的。你可以在本章最後一節的「小練習」裡，把自己一學就會的事情寫下來。

第三條線索：如魚得水

有哪些事情你似乎本能的知道該怎麼做？如果我們在**做某件事時全身心的投入**，產生心流[3]體驗，**甚至廢寢忘食**，那這就是我們做起來如魚得水的事情。第

3 指專心的從事一項活動，從而達至欣然自樂的「忘我」境界。

▼**圖表 2-2**　「一學就會」事件範例。

「一學就會」的事情	對應的天賦潛能
整理和收納是我一學就會的事情，家裡的東西和電腦檔案，我都有自己的一套整理系統。	歸納整理能力。
操作類的事情我一學就會。當年我考駕照時，沒練幾次車，考試時教練都替我擔心，但我一次就過了。	動手能力。
當我開始學習某項技能時，很容易一學就會，如跟著影片學做飯，我平時不做飯，但是看幾遍影片後，我做出來的飯吃起來味道很不錯。	學習能力、 模仿能力。
對文字類的事情我一學就會，不管是什麼類型的文章，擅長用文字表達，用文字影響他人。	文字表達能力。
與人相處，我可以很容易的獲得他人的信任，就連我男友的家人都覺得我比男友還更可靠。	建立關係的能力。

八十二頁圖表2-3的「如魚得水」事件範例來自訓練營學員的分享。

回顧過往的工作經歷，哪一類任務或事情別人做起來很費力，而你做起來輕而易舉？這樣的事情就是你做起來如魚得水的事情，你可以把它們寫在本章最後一節的「小練習」裡。

第四條線索：勝人一籌

在做什麼事時，你覺得自己做得很棒、勝人一籌？你甚至會忍不住回想：我剛才是怎麼做到的？

這些事可以是你用很短的時間閱讀了一本書，或者透過系統思考想明白了一件事、找到了解決問題的最佳方法等。

我有一位學員，她在學習語言方面很有天賦，經常被誇英語口語發音純正、標準。她發現自己的記憶力很好，語感很強，從來沒有苦背單字的經歷，經常是一邊愉快的看著美劇，一邊就不經意間記住了劇中的英語表達。顯然她在學習語言方面勝人一籌。

▼**圖表 2-3** 「如魚得水」事件範例。

「如魚得水」的事情	對應的天賦潛能
寫報告時，我常常越寫越投入。剛開始寫時沒有思路，但越寫思路越清晰、想法越多。寫到最後，常有一種頭腦清明的感覺。	思維能力。
在主持會議和參與討論時，我很容易就能說出一些觀點，沒有其他人那麼緊張，從不擔心被問到時會沒話說。	表達能力。
在 IT 營運維護方面，我有種如魚得水的感覺，這項工作需要嚴格遵循一套標準，我喜歡這樣的工作，只要按照既定計畫和流程執行，就一定會完美的完成任務。	執行力。
我可以坐在那三、四個小時思考 PPT 的邏輯、搜尋案例、素材來使內容更豐富。	蒐集能力。
我在處理顧客投訴、洞察員工情緒方面如魚得水，在顧客提要求之前，就知道他們想要什麼。	共情能力。

從下頁圖表2-4的「勝人一籌」事件範例中，你能看到更多做起來「勝人一籌」的事情，和對應的天賦潛能。

你「勝人一籌」的事情有哪些呢？你可以把它們寫在本章最後一節的「小練習」裡。

在整理這四條線索時，如果你發現自己在同一件事上同時滿足其中幾條線索，那就顯示你在這方面的優勢特別突出，而且無意中一直在使用。

我有一位學員叫小熙，她曾在我留的作業裡這樣寫道：

> 我非常擅長做旅行規畫、優化流程，喜歡理順流程，找出需要改進的地方，注重效率，致力於將規畫做到效率最高、體驗最好，讓大家按照做好的行程或流程執行。在做這件事時，我感覺如魚得水，並且覺得勝人一籌。

要想改變現狀，先改變自己；要想讓事情變得更好，先讓自己變得更好。你可以從這四條線索出發，發掘自己的潛能，發現自己的優勢，讓自己變得更好。

▼**圖表 2-4**　「勝人一籌」事件範例。

「勝人一籌」的事情	對應的天賦潛能
我曾經一個人照顧四歲和八個月大的小孩，每天還抽出時間學習，還能透過遊戲激發大寶幫我收拾房間，保持房間的整潔。	統籌能力。
我在遇到挫折時，能很快從挫折中走出來，內心充滿力量，繼續向前，有著樂觀的人生態度。	抗挫折能力。
在情緒管理方面，我一直做得比較好。例如，在工作中遇到溝通不順暢時，我會提醒自己，因為經歷不同、職位不同，大家會有認知方面的差異。	共情能力。
在學習方面，我一直都有勝人一籌的感覺，從小到大都是「學霸」，學習對我來說是一件毫不費力的事，我能夠很快領悟書中的知識，然後分享給他人。	學習能力。
當我在做創意方案、制定方向時，可以很容易找到自己想要的感覺。	創新能力。

03 寫優勢日記

回想剛過去的一天，哪些事讓你覺得很開心或很有成就感？你做了什麼？為什麼會有這樣的感受？記錄下來，這就是你的優勢覺察日記，也是你的「優勢事件」。你可以在優勢事件的後面寫上做這件事時，自己發揮了什麼優勢和才能。

這裡的優勢事件並不是指那種驚天動地的大事，而是讓你覺得開心或有成就感的任何事，哪怕很小的事也可以。

我們不可能每天都經歷人生顛峰，所以不要因為沒有所謂的「顛峰時刻」，就踟躕不前。我們可以從工作和生活中的小事記起。記錄每天的優勢事件，日積月累，它們就會成就你的「顛峰時刻」。

案例

小君是公司人力資源部的負責人，她希望能深入發掘自己的優勢，並在工作中更好的發揮這些優勢。在學習優勢教練課後，她堅持記錄優勢覺察日記，左頁是她的優勢覺察日記的部分內容。

透過持續的記錄和覺察，她不僅對自己的優勢理解得更透澈，還發現了同事們的優勢才能。這對她做人力資源工作很有幫助。

案例

小林是一名醫療行業的研發工程師，也是兩個孩子的媽媽。她一直覺得自己平淡無奇。

因為對自己的優勢不了解，所以即使她已經取得了一定的成績，也認為自己不過是憑著一股蠻勁做到而已。比如，高中時，從成績中等到考上一流名校，還有後來從空調、汽車行業轉到現在的醫療行業等。

直到她接觸到優勢理念才發現，原來每個人都有自己的優勢才能。系統學習優勢教練課後，她說自己的一個明顯變化就是，透過記錄優勢覺察日記發現了自己的優勢所在、發現自己取得的每一項成績，其實都是自己的優勢在發揮作用。第八十八頁是她的優勢覺察日記的部分內容。

小君的優勢覺察日記

日期：12 月 10 日

優勢事件 今天中午我和幾個同事一起吃飯，在吃飯的過程中，我認真傾聽每個人對工作的看法。我發現同事們看問題的角度都不一樣，各有特色和優勢。最後，我進行了總結和歸納，同事們都覺得自己的意見得到了重視。

優勢 傾聽能力。

日期：12 月 11 日

優勢事件 今天主管分配的任務要求中午前完成。年底了，各種工作紛至遝來。我抓緊時間，在中午前完成了這些任務，我覺得很有成就感。

優勢 執行力。

日期：12 月 12 日

優勢事件 今天下午，我們支援某職能部門做聖誕節活動的禮品準備工作。我們做了一個流水線作業流程。每人分別在流水線的工位工作一段時間，再輪換。大家都找到了適合自己的流水線工位，最後高效完成工作。透過這次活動，我發現了同事們最鮮明的優勢才能。

優勢 組織能力。

小林的優勢覺察日記

	日期：12 月 6 日
優勢事件	今天，我回顧為什麼自己能跨行找到比之前更好的工作。我無法接受自己除了工作就是煮飯、打掃家裡，這些既不是我擅長的，也不是我熱愛的。於是在帶小孩的同時，我一直堅持透過學習來提升自己，所以當機會來臨時，我一下就抓住了。
優勢	學習能力、行動力。
	日期：12 月 8 日
優勢事件	以前我很不喜歡做工作總結，雖然自己做了不少事情，但就是不知道該怎麼寫。現在又要做年終工作總結了，我主動發揮學習和蒐集優勢，搜尋寫總結的方法，學習相關技巧。我發現工作總結其實沒那麼難寫，並且找到了和主管溝通的方法，也更有自信了。
優勢	學習能力、蒐集能力。

深入了解自己的優勢後，小林知道了運用自己優勢的技巧，因此變得更有自信，遇到問題時也知道該如何應對。

她說：「有了這份自信，就能更好的探索這個世界，活得精采而圓滿了。」

透過學習和練習，我們可以不斷發現自己的優勢，甚至識別身邊人的優勢，做到知己識人。上述案例中的小君和小林都做到了這一點。

優勢理念源自正向心理學，優勢思維和優勢視角的建立不是一蹴而就的。而優勢覺察日記，是一個能幫助我們持續發掘自己優勢的有效工具。

當一個人在工作中刻意投入自身才能時，這些才能就會轉變成他獨特的優勢。

才能×投入＝優勢

你今天有哪些優勢覺察？如果今天是你開啟優勢發掘之旅的第一天，你打算記錄些什麼？請寫下你的優勢覺察日記。

你可以準備一個日記本，專門用於寫優勢覺察日記，也可以在手機或電腦的記事本上記錄。

我的優勢覺察日記

日期：　月　日

優勢事件

優勢

日期：　月　日

優勢事件

優勢

日期：　月　日

優勢事件

優勢

04 用VRIN模型快篩核心競爭力

一個人在職業生涯中所具有獨特的、有競爭力的技能、態度、知識等各個方面的總和，就是其職業競爭力（來自MBA智庫百科）。

這和我在前文中介紹的優勢冰山模型是一致的。一個人所擁有的知識、技能、才能等都是他的優勢。我們要想知道自己的核心競爭力是什麼，就應該先找到自己最突出的職業優勢。很多人博學多才，擁有多項專業技能，但對未來自己究竟要深耕哪個方向並不清楚。當目標不確定時，我們就容易陷入迷茫。

VRIN模型（見下頁圖表2-5）可以幫助我們快速篩選自己的優勢，精準定位優勢。VRIN是四個英文單字或片語的首字母縮寫：

- **V：Valuable，有價值的**。

盤點自己的優勢，包括已經掌握的知識、技能、資源及具備的才能和性格

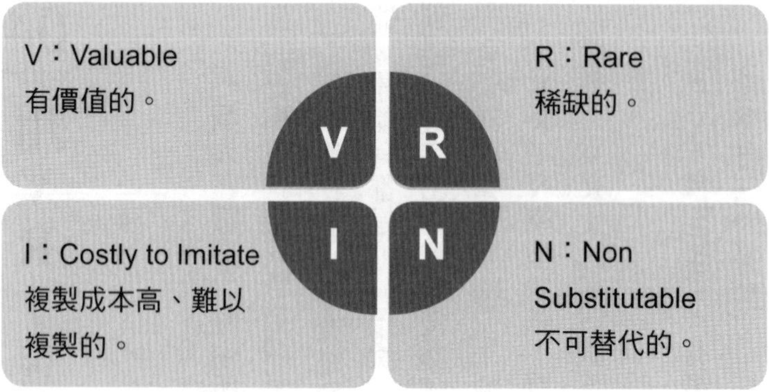

▲**圖表 2-5**　用 VRIN 模型識別職場核心競爭力

▼**圖表 2-6**　常見 5 種職業和對應的核心競爭力。

常見職業	「有價值的」核心競爭力
客服	解決問題的能力、樂於助人的優勢。
老師	樂於培養他人成長、授課能力。
產品經理	創意策劃、專案管理和溝通能力。
軟體工程師	分析研究的能力、程式設計技能。
銷售、市場行銷	良好的語言表達和宣傳推廣能力。

等，哪些是對你的工作和團隊，甚至你的公司最有價值？

我們找到的這些優勢，便是使我們更有價值的核心競爭力。右頁圖表2-6是常見的五種職業與對應的「有價值的」核心競爭力。

- **R：Rare，稀缺的。**

你有哪些優勢在工作中是比較稀缺的？哪些優勢是你有，而你所在團隊中的其他人沒有？這些在工作中所需要的稀缺優勢更有可能成為我們的核心競爭力。

假設小A是一名平面設計師。如果他設計海報的水準遠高於團隊中其他成員，那麼他在設計海報方面的能力就是稀缺的。如果小A設計海報的水準是團隊其他成員也能輕鬆達到的，那麼他在這方面的優勢就不是稀缺的。這時，他需要找到自己更稀缺的核心競爭力。

如果一時難以找到，該怎麼辦？

你可以先不斷精進自己當前的核心優勢。特別是專業能力，把自己的優勢變得越來越突出，使其成為我們更稀缺的核心競爭力。

善用你在團隊中的「稀缺」優勢，你會很快脫穎而出。

案例

在轉型做培訓諮詢前，我在一家五百強外資企業從事軟體研發工作。當時我們做的項目是敏捷開發[4]，每二到四週出一個產品樣本。每次樣本出來後，專案組都需要與國外的同事開專案會議，此時，專案負責人需要用英語進行示範和講解，有時需要提前將示範過程錄製成影片，現場進行播放。

在我加入專案組後，大家發現我擅長英語演講，於是主管就把這項工作交給我。同事說我像主播，真人出鏡講解效果更好。這樣做了幾期後，我們的樣本經常得到主管和國外同事的認可，我也因此被多次表揚。

在組裡，英語好又擅長演講和講解的人不多，而我在這方面的優勢比較突出。即使現在回想起這段經歷，我依然能感受到當時的那種開心和成就感。

- **I：Costly to Imitate，複製成本高、難以複製的。**

在工作中，你的哪些優勢是不容易被複製的？對其他人而言，若想複製這些優勢則需要投入大量的時間和精力，甚至需要透過大量實踐才能擁有。如果有，那麼這項優勢就是你的核心競爭力。相反的，若他人很容易就能複製，甚至擁有和我們相同的職業優勢，那麼我們還需要持續精進這項優勢，使其成為自己的核心競爭力。

我有一位朋友叫菲奧娜，她在財務領域已經有十多年的工作經驗，擁有多項國際財務會計類證書，目前在知名外資企業擔任首席財務官。

她在財務領域的優勢就不是一般人可以複製的。若他人想複製，則需要投入至少幾年的時間、大量的精力和金錢去學習和實踐。因此，這項專業優勢就是她的核心競爭力。

- **N：Non Substitutable，不可替代的。**

盤點你所擁有的優勢，哪些是不容易被他人替代的？找到這些優勢，這就是你的核心競爭力。

如果你所做的工作是其他同事能輕鬆完成的，那麼你就容易被他人替代。現在是人工智慧時代，很多人工職位逐漸被機器人替代。無論被身邊同事取代，還

4 Agile Development，是一種以人為核心、迭代、循序漸進的開發方法。

是被機器人替代，都意味著我們的核心競爭力還需要不斷精進、升級，把自己的優勢變得更突出。

案例

我曾在一家上市集團總部做培訓工作，負責講授其中幾門課程。凡公司有這方面的培訓需求，無論總部，還是子公司，我都會應需要前往。

有一次，我要到專案公司做培訓。出差的前一天，主管找到我說：「玉婷，我們兄弟公司（集團旗下的另一家公司）人事部的同事剛打電話來，問妳能不能支援，去幫他們做一場培訓。這門課妳講得最好，其他人……」。

和主管商量後，我與這位人事部的同事進行了電話溝通，把這場培訓安排在我出差回來之後。

如果我們清楚自己的突出優勢在哪、做的哪些工作是不易被他人取代的，那我們就找到了自己的核心競爭力。

思考清單

- □ 我的＿＿＿＿優勢對團隊更有價值。
- □ 我的＿＿＿＿優勢在團隊裡更稀缺。
- □ 我的＿＿＿＿優勢是團隊裡其他人不易複製的。
- □ 我的＿＿＿＿優勢在團隊裡不易被其他人替代。

差異即長處。我們和他人不一樣的地方，正是彼此的優勢所在。

利用VRIN模型定位自己的突出優勢，找到自己的核心競爭力。當清楚了自己的優勢後，我們還需要充分展示這些優勢，否則我們的核心競爭力就不易被看到，價值也就很難體現。這是下一章中將要探討的內容。

05 看見優點，比找缺點更重要

案例

小金在大學畢業後做了十年的外貿業務工作，銷售業績一直名列前茅。這是一份不錯的工作，但不知道為什麼，她內心總有一種排斥感和不滿足感。

她常常納悶，自己明明各方面都不錯，為什麼還是有諸多不順——常與同事起衝突、自己越來越焦慮、對工作提不起興趣等。

她也曾經多次陷入這樣的焦慮：這份工作真的是我想做的嗎？有沒有更適合我的工作？尤其是當面對一些比較棘手的專案時，這種焦慮、煩躁的情緒更是抑制不住的要爆發。

為了找出問題所在，她不停的參加各種線上、線下培訓，甚至還讀了工商管理碩士（Master of Business Administration，MBA），但依然沒有找到明確的方向。

她想要改變，但又不知道自己到底想做什麼、適合做什麼，所以不敢貿然辭職。她不知道究竟什麼樣的工作，才是自己真正喜歡和擅長的？

在這種「困頓」和「想要突破困頓」的掙扎中，她聽了一次我的優勢教練課。她說課堂上的「優勢理論」和「優勢模型」吸引了她，讓她隱約覺得這些可以幫到自己。

抱著「哪怕不能直接助我在職場上成功轉型，至少能讓我更加了解自己的優勢、給自己提供一些方向和指導」的想法，她先和我預約了一次諮詢。

我們溝通後，她說：「我真是豁然開朗啊，對自己的優勢有了更具體、更直接的了解，也理解自己的行為模式。」她對自己的優勢才能進行了梳理，左頁圖表2-7展示的是她的部分才能。

小金覺得了解優勢對自己很有幫助，就報名參加了優勢教練課，在這一年的學習過程中，她一次又一次的梳理自己的優勢，想法幾經變化：從最初的想了解自己的優勢，到釐清自己到底想要什麼、適合做什麼。她也因此很快得到了晉升，對此她分享了兩個關鍵點：

▼**圖表 2-7**　小金的優勢才能梳理（部分）。

優勢能力	如何幫助我實現目標
學習	我從小就愛學習，讀書和獲取知識的過程讓我非常開心。這項才能也解釋了為什麼畢業那麼多年，我依舊每年都學習很多課程。哪怕感覺有些負擔，我還是會不停的參加很多課程——這是因為我的學習能力在發揮作用。
蒐集	讓我認識到自己為什麼每次看到網路上的一些資料、資訊就忍不住想收藏，我也喜歡囤各種日用品——這是因為我的蒐集能力在發揮作用。
統籌	統籌是善於利用資源並找到最佳方案。在諮詢後，我刻意在工作中發揮統籌優勢，然後驚奇的發現在利用各種資源找到最佳方案這件事上，我確實做得很好。

● 學會與人相處。

她現在可以透過他人的行為分析他們的優勢才能，也可以透過優勢才能判斷他們的行為。最重要的一點是，以前她不能理解一些人的行為，但現在都能夠理解了，和他人的溝通也變得更順暢。

● 學會知人善任。

隨著對自己優勢的了解，她釐清了自己的才能模式，以及做哪些事更能發揮自己的優勢，她還把優勢教練技巧運用在團隊管理上。靠自己的努力，在學習課程的第四個月，她從原來帶一個小團隊，發展到管理公司整個銷售團隊。

案例

小金在團隊中進行優勢溝通，讓所有人都能發揮自己的優勢，從而讓整個團隊一起前進。作為一個銷售團隊，他們的團隊裡總有那種看上去毫不費力，卻能取得優秀業績的員工，也有那種看起來很努力，卻依舊業績不佳的員工。

以前她認為，員工業績不佳的原因可能是溝通方式不對，只要教會他們溝通技巧，他們一定能拿下訂單，所以她在這方面花了很多時間和精力。她總結自己的經驗，並傳授給這些業績不佳的員工，但並未取得明顯的效果。

學習優勢教練課後，她學會用優勢視角來看待這個問題。比如，團隊裡有一名員工的工作態度很謹慎，要他做的任何事他都能完成，但是成單數量一直不多。小金與他進行了幾次一對一的溝通後發現，他的執行力比較突出，交給他的工作都能按時完成。同時她也發現，這名員工很有創意，點子比較多。當時恰逢公司想在外銷方面加強推廣的力度，於是她向總經理推薦讓這名員工去市場部試一試。

這名員工是一個認真努力的人，對於外銷業務也比較了解，進入市場部以後，他的優勢被不斷放大，做了不少有效推廣，同時也找到了讓自己更有成就感的工作方向。

我們從小就被教育要補短，哪裡不足補哪裡，所以我們會下意識的做補短的事，而且不僅自己這樣做，也期待他人如此。結果費了九牛二虎之力，卻很難取得好成績。但如同小金所說，最重要的事其實是「關注優勢、發揮優勢」。

遇見優勢，更懂自己；發揮優勢，成人達己。

如果我們對自己的長處和短處都十分清楚，就能靈活的運用優勢，避開短處。如果我們知道做哪些工作更能發揮自己的優勢、哪些會遇到自己的罩門，以及如何將優勢運用在工作中，那麼我們就有機會做到揚長避短。

知己知彼，百戰不殆。發現優勢是了解自己必不可少的一步，也是我們打造職業核心競爭力非常關鍵的一步。**在擅長的事情上努力，你會越努力越幸運；在不擅長的事情上努力，你會越努力越迷茫。**

思考清單

- □ 我每天都有機會在工作中發揮優勢。
- □ 我每天都會刻意的在工作中發揮優勢。
- □ 身為管理者，我總是會關注員工的短處。
- □ 身為管理者，我會隨時關注員工的優勢。

06 原來自己這麼棒

透過發掘優勢的四條線索，你可以找到自己的優勢才能。此外，你還可以將自己的天賦潛能填寫在第一章末尾的「小練習」中。

每個人都是一顆鑽石，都會閃閃發光，有些人已經發光，有些人還在發光的路上。現在，是時候找到你的亮點了。

下頁圖表2-8是根據前兩節的內容，列出的發掘優勢事件範例。你也可以在第一〇七頁的「小練習」，寫出自己的四條線索事件，和對應的天賦潛能，相信你會發現，原來自己這麼棒。

結合第一章最後的優勢梳理清單，再根據第二章的VRIN模型，篩選出你的核心競爭力，最好不要超過三項，並填寫在第一〇八頁的表中。

如果你對自己所寫出的核心競爭力感覺還不太確定，那麼可以寫優勢覺察日記，從而發掘自己的優勢，持續打造自己的核心競爭力。

▼**圖表 2-8** 發掘優勢事件範例。

四條線索事件	對應的天賦潛能
「無限嚮往」的事情 我從小就喜歡與人聊天，甚至能和朋友聊整晚。	表達能力、交際能力。
「一學就會」的事情 整理和收納是我一學就會的，家裡的東西和電腦檔案，我都有自己的一套整理系統。	歸納整理能力。
「如魚得水」的事情 寫報告時，我常常是越寫越投入。剛開始寫時沒有思路，但越寫思路越清晰、想法越多。寫到最後，常有一種頭腦清明的感覺。	思維能力。
「勝人一籌」的事情 我曾經一個人照顧四歲和八個月大的小孩，每天還抽出時間學習，還能透過遊戲激發大寶幫我收拾房間，保持房間整潔。	統籌能力。

✍ 小練習：我的優勢梳理清單

1. 無限嚮往。你會被什麼類型的事情或活動自然而然的吸引？你對什麼事情充滿渴望？

「無限嚮往」的事情	對應的天賦潛能

2. 一學就會。什麼樣的事情你一學就會？

「一學就會」的事情	對應的天賦潛能

3. 如魚得水。有哪些事情，你似乎本能的就知道怎麼做，並且做起來如魚得水？

「如魚得水」的事情	對應的天賦潛能

4. 勝人一籌。做什麼事情會讓你覺得勝人一籌？

「勝人一籌」的事情	對應的天賦潛能

我的核心競爭力是以下三項：

1.______________________________

2.______________________________

3.______________________________

第三章

埋頭苦幹沒人理，出人頭地有步驟

一個人的價值，應該看他貢獻什麼，而不應當看他取得什麼。

——物理學家

阿爾伯特·愛因斯坦（Albert Einstein）

01 口才不好，怎樣脫穎而出？

案例

小睿大學畢業後進入一家國營企業，工作十年後，身邊有朋友邀他一起創業。為此，他開始糾結：該和朋友一起創業，還是繼續留在原單位。

創業意味著要離開已經工作十年的地方，自己是否適合創業，能否創業成功還是一個未知數。而繼續留在原單位也看不到升職和加薪的機會，小睿的內心很不甘。

他找我做了諮詢。小睿在原單位雖然工作了十年，但是職位一直沒有太大變化。他為人處世比較低調，不善表達。

「主管說我不愛表達，總是鼓勵我多講話，但其實我不善表達，也不知道該如何說。」在談到和主管的相處時，他這樣說道。

由於不善表達，很長時間以來，他也不知道自己還有哪些優勢，這導致小睿長期得不到主管的重用，他自己也覺得沒有成就感。這也是為什麼後來朋友提到創業時，他會動心的原因。

小睿的優勢其實很突出：愛思考、學習能力強、分析能力強、做事嚴謹。如果他能將這些優勢充分展示出來，那麼一定會成為主管的得力助手。然而遺憾的是，他把這些優勢停留在想的層面，沒有充分展示出來。

在職場上，我們經常會遇到這樣的人：他們在工作上兢兢業業，甚至任勞任怨，卻不善表達，導致在績效考核方面很難獲得自己預期的結果。

在第二章中，我們分享了一個公式：才能×投入＝優勢。

當一個人擁有某些才能時，如果他不在這些方面投入時間和精力，是無法將這些才能轉變成優勢的。像小睿這樣不善表達的員工，怎樣才能讓主管看到自己的優點？

一個祕訣就是定期主動向主管做工作彙報。比如，每週五主動將這一週的工作內容和進展向主管做一次彙報，郵件、電話、面對面溝通等方式都可以。

另外，他還可以將彙報內容整理成一個檔案，有條理的呈現出來，並把檔案寄給主管。他也可以提前準備一份腹稿[1]或草稿，去主管辦公室當面彙報。

這個祕訣對「不善表達」的員工來說非常重要。**在工作上，我們要隨時讓主管知道我們在幹什麼，工作進展到哪一步**。

如果公司有定期的溝通機制，如每週寫工作週報，我們就可以利用這個機會把自己的工作成果展示出來，這也是在展示自己的優勢。

如果公司沒有這樣的機制，我們可以定期主動向主管做彙報。尤其是當主管帶領幾十人，甚至上百人的團隊時，如果你沒有做出特別的成績，那麼主管就很難注意到你。

如果你這週未能完成任務，或者在工作上沒有取得實質性的進展，還要向主管彙報嗎？如果要彙報，說些什麼？

答案是要向主管彙報。此時，你可以說一下自己的工作思路。請記住，**在你做工作彙報時，也是在展示自己的優勢**。

1 構思已成而未寫出的文稿。

工作彙報TIPS

- 彙報節奏：每週一次。
  對一些節奏比較快的公司來說，各部門的員工可能需要每天彙報一次工作。
- 彙報內容：有工作成果且盡可能簡潔。
  彙報要有一定的邏輯結構，主次分明，必須包含本週的工作重點和成果，你可以參考左頁圖表3-1的「工作彙報範本」。此外，本書在第五章中還分享了一些實用的溝通和表達方法。

案例

我們溝通後，小睿明確了自己的優勢，也意識到了創業對目前的自己來說並不合適，所以選擇繼續留在原單位，但自己得做出改變。他採納了我的建

1. **工作任務**

這週我主要負責＿＿＿＿＿＿＿＿＿工作。

2. **工作業績和成果**

本週目標是＿＿＿＿＿＿＿＿＿＿＿＿＿，

完成了＿＿＿＿＿＿＿＿＿＿＿＿＿＿＿，

離目標還有＿＿＿＿＿＿＿＿＿＿＿＿＿，

沒有完成的原因是＿＿＿＿＿＿＿＿＿＿，

這個問題我將＿＿＿＿＿＿＿＿＿＿解決。

3. **工作挑戰**

本週遇到的挑戰是＿＿＿＿＿＿＿＿＿＿，

我想到的解決方案是＿＿＿＿＿＿＿＿＿，

您看怎麼樣？

注意：工作任務、工作業績和成果部分是工作彙報必須包含的內容，如果工作中未出現挑戰，那麼該項可以省略。

▲**圖表 3-1**　工作彙報範本。

議，每週向主管彙報工作。

剛開始時，他有些不習慣，覺得這些工作都是自己應該做的，總覺得自己做的這些事沒什麼大不了的，有點不好意思向主管彙報。但因為要改變現狀，他必須做些什麼，於是就先每週發一份文字版的工作彙報給主管。

第一次發工作彙報時，他就受到了主管的表揚。在他堅持發工作彙報幾週後，主管給他的回饋是：「你的方案很好，而且感覺你和以前不一樣，像換了一個人，更積極主動了。」

他很開心，感覺到自己在工作中的價值，而且得到主管的認可。他說雖然主管每次回覆的文字並不多，有時可能還會忘記回覆，但他依然堅持，因為他能感受到主管對他的認可和鼓勵。

除了文字彙報外，他也試著去主管辦公室當面彙報工作，在團隊開會時也開始主動發言，分享自己的思路和想法。

半年後，他留言給我：「老師，我升一職等！主管還在年度大會上點名表揚我。主動向主管彙報工作，真的很有用……。」

每個人都是一顆鑽石，都會閃閃發光。有些人已經發光，有些人正在發光的路上。找到自己的優勢，在工作中充分展示這些優勢，你很快也會閃閃發光。

思考清單

- □ 我每週都會向主管彙報工作。
- □ 我從來不主動向主管彙報工作。
- □ 每次彙報工作時，我都能說出自己的工作成果。
- □ 身為管理者，我會讓團隊成員每週做工作彙報。

02 弄錯優勢，換工作也不能解決

在小睿的案例中，不善表達是他的一個罩門，且這一罩門已經嚴重影響他的職業發展，對他而言，此時管理缺點勢在必行。他透過定期主動向主管彙報工作，讓主管及時看到他的工作進展和優勢價值。

在職場中，及時與主管溝通並彙報工作，是讓主管迅速了解自己工作進展的有效方式，也是展示自己優勢和價值的機會。

案例

小顏在一家知名外資企業做專案管理工作，目前萌生辭職的想法。其實她並非不喜歡這份工作，當前的工作滿足她的很多需求，無論是薪資待遇還是個人成長，她都很滿意。但她仍然想辭職，原因是工作壓力太大，並且公司最近換了新主管，自己很不適應。

她經常要和外國同事開會，同事們對她的評價是工作能力強、認真負責、注重細節。這些優勢讓小顏取得了很多工作成果，也讓她獲得了晉升。最近，她同時負責幾個專案，每天工作十幾個小時，晚上回到家經常都十一點多了。她覺得自己的身體有些吃不消，而且與新主管處於磨合期，有時還會出現意見不一致的情況。

於是她萌生了換工作的想法，也不想再做專案管理工作了。

這就是小顏找我時的狀態。在小顏的才能模式裡，溝通等影響力領域的才能排名靠後。所以當她在工作上遇到問題時，不會主動表達自己的想法。比如，連續加班到深夜、和新主管的相處等壓力，她都選擇自己默默承受。

顯然，這一短處已經阻礙了她的職業發展，甚至影響她的日常生活。我建議她用自己的優勢來管理自己的缺點，先解決當下遇到的問題，再考慮是否辭職並轉型。

小顏擅長換位思考、工作認真負責、專案管理經驗豐富。在我們溝通後的第二天，她就主動向新主管彙報最近的工作進展，並且針對遇到的問題分享自己的看法。對於自己每天工作十幾個小時，她分析了原因，並提了幾個提高效率的解決方案。之前她也有過同時負責幾個專案的經歷，而且工作業績得到了前主管的認可。

新主管聽完小顏的分享後很高興，當下就表示支持小顏的想法，還表示自己其實也不喜歡加班。兩人聊了很多，從工作到個人喜好，相談甚歡。

和新主管溝通後，小顏發簡訊給我：「我覺得自己心裡的石頭放下了，整個人感覺輕鬆不少，對新主管也有了新的認識。新主管並不是不可接近，而且還發現彼此有一些共同之處……。」最後，她說自己不急著辭職了，而是先把當下的事做好，把自己的優勢展示出來。

及時向主管彙報工作是展示自己優勢的有效方式。而關於是否要換工作或轉型，你可以填寫下頁的「工作轉型問題清單」評估。

和主管及時溝通，主動展示自己的優勢，讓自己的優勢成為資源和槓桿。只有發揮優勢的槓桿作用，才能將業績放大十倍。

如果一個人不主動展示自己的優勢，那麼這些優勢是不容易被他人發現的，自己的價值也就很難體現出來。

工作轉型問題清單

1. 我在目前的工作中能夠發揮自己的優勢？

   ○是　　　○否

2. 我喜歡目前的工作？

   ○是　　　○否

3. 我在工作中能展示出自己的優勢？

   ○是　　　○否

4. 我的主管知道我的優勢？

   ○是　　　○否

注意：如果你對問題 1 和 2 都回答「是」，那麼就不要急於轉型；再判斷問題 3 和問題 4 自己是否都做到了，如果對其中一個問題回答「否」，不妨先展示自己的優勢，並讓主管知道自己的優勢。

如果我們在工作中感受不到自己的價值，就容易陷入迷茫，甚至萌生辭職並轉型的想法。如果我們不知道如何展示自己的優勢，即使換一份新工作，還是會遇到同樣的問題。所以，主動展示自己的優勢，才是解決問題之道。

03 千萬經歷，不如輕鬆借力

在行動網路和人工智慧快速發展的時代，越來越多的平臺、軟體和工具為我們獲取資訊提供了諸多便利，這讓我們不僅節省了時間，還提高了工作效率。這些平臺、軟體和工具，甚至一些流程，也構成了我們支援系統的一部分。找到適合的支援系統，巧借外力，也能幫助我們展示自己的優勢，達成目標。

如果思維活躍、善於創新，但邏輯性不強，那麼可以藉由一些輔助工具（如思維導圖）來幫助自己理清思路。若覺得自己不善於管理時間，很容易忘記做一些事，則可以借助鬧鐘、任務清單等工具提醒自己。再者，如果覺得自己無法保持專注，但是有些事情又必須集中精力才能完成，如寫一份專案報告，就可以借助番茄鐘等應用軟體。

番茄工作法（Pomodoro Technique）是幫助人們集中注意力的一種有效方法，能極大的提高工作效率，還會讓你有一種意想不到的成就感。如果你有無法集中注意力的問題，不妨試試番茄工作法。

番茄工作法TIPS

- 先工作二十五分鐘。
將番茄時間設定為二十五分鐘，專注的工作，中途不做任何與該工作任務無關的事，直到番茄時鐘響起。
- 休息五分鐘。
先短暫休息五分鐘，可以離開辦公桌，不再做和該工作相關的事情。
- 開始下一段番茄時間。
每段番茄時間是三十分鐘，包括二十五分鐘工作時間和五分鐘休息時間。每四段番茄時間後，可以多休息一會。

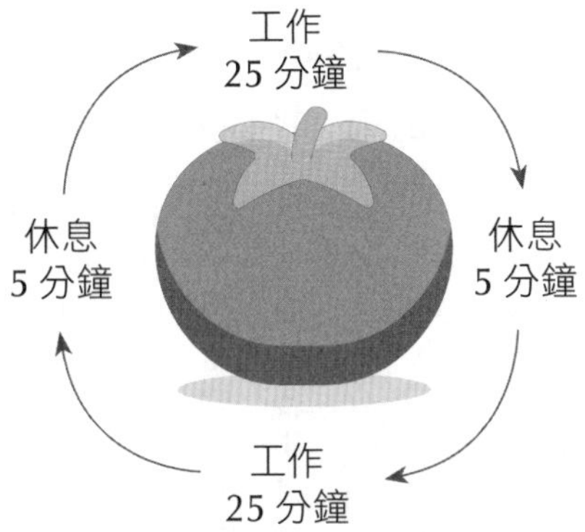

▲**圖表 3-2**　番茄工作法是幫助人們集中注意力的一種有效方法，能極大的提高工作效率。

小涵的優勢覺察日記

日期：12 月 8 日

優勢事件	前幾天有人在群組裡分享了番茄工作法，起初我擔心這種方法會打斷自己的工作，所以沒有採用。現在仔細想了想，推薦這種方法的人都比較高效、專注，而我恰好在這方面不擅長。 於是，在今天的課程學習和作業中，我使用番茄工作法，果然提前完成了作業。我也鼓勵孩子在看卡通、學習上使用番茄工作法，孩子的學習和做事的效率也明顯提高了。
優勢	思維、積極、伯樂。

上頁下方是小涵的優勢覺察日記，她在參加優勢訓練營時，採用番茄工作法順利完成了每天的學習任務，還幫助孩子提高了學習和做事的效率。

案例

小石做市場行銷工作，最近他升職了，開始帶團隊。但他不擅長與他人建立關係，而且和部屬經常產生分歧，甚至和主管也是如此。因此，他的人際關係有些緊張，並且已經影響到團隊工作的正常推進。

我們溝通後，我發現他很喜歡分享，並且善於表達。我就提了一個建議給他：每天安排三十分鐘到一個小時，和一名部屬單獨溝通。

這種方式是小石喜歡且擅長的。他會在聊天中傾聽員工的想法和需求，也會分享自己的看法。

幾週後，他告訴我：「我沒想到大家其實都有很多好的想法，和大家聊一聊感覺很好，我們的關係也更近了。」

後來，他就把和部屬的一對一溝通作為每週必做的事，並排進自己的行事曆裡。

透過把一對一溝通設定為工作流程的一部分，小石不僅實現了目標，還用自己喜歡和擅長的方式管理了自己的缺點。

你的支援系統是什麼？巧借外力也展示了你利用資源優勢的能力。關於資源優勢，請參見第一章的優勢冰山模型。

04 勝者，不必全能

人不是孤立存在的，很多事我們無法一個人完成。尤其在企業和組織裡，我們需要團隊合作，甚至跨部門協作，只有這樣才能實現共贏。

這時，搭檔就很重要。找到合適的搭檔，建立優勢互補，取長補短，讓彼此的長板變得更長。

案例

我有一位女性朋友是多家公司的創始人和首席執行官（Chief Executive Officer，CEO）。為了加強團隊協作，做到人盡其才，她邀請我給其中一家公司的高階管理人員做團隊優勢培訓。

她也參加了培訓，並了解自己的優勢領域是影響力和戰略思維，劣勢是關係建立和執行力。但執行力對一支高績效團隊而言非常關鍵。如果執行力不強，很多事情就難以落實。

她也感受到公司在執行力方面遇到了阻礙，所以想透過優勢培訓進一步了解自己和團隊，看看是哪裡出現了問題。

明確自己的劣勢後，她準備找執行力強的同事來彌補自己的不足。所有需要在有限時間內完成的事，她就交給團隊中執行力強的同事，另外她還聘請了一名執行力強的助理。

幾個月後，她和我分享了一些工作進展。她說多虧了執行力強的同事，某個產品才能按計畫上線。透過優勢互補，她達成了工作目標。

如果你的執行力也不強，不妨找執行力強的夥伴合作、交流，他們會在某種程度上帶動你完成目標。左頁圖表3-3列出了提升執行力的五種方法。

如果一個目標看上去不易實現，我們不妨將這個目標拆解成具體的、可執行的、易完成的若干小目標。

比如，小A的目標是「我要在一年裡讀五十本書」，我們可以先按月拆解這個目標，即每月讀四到五本書；再按週拆解目標，即每週讀一本書；然後按天拆解目標，即每天讀三十頁。這樣，一年的讀書目標就比較容易實現。

如果你發現有些目標難以完成，還可以分析一下有哪些阻力，並換一種方式去實現目標。

比如，小A平時經常加班，從早忙到晚，很難留出完整的時段用於讀書。透過復盤自己每天的時間安排，他發現自己可以在上下班的途中聽書，因為他每天的通勤時間是一．五小時。於是，透過聽書的方式他完成

▼**圖表 3-3**　提升執行力的 5 種方法。

方法	原理
與執行力強的人合作。	優勢互補。
列待辦事項清單，做好時間管理。	借助清單將事情視覺化，這可以起到提醒和督促作用。
定期復盤，把沒有完成的事再度提上日程。	借助復盤工具。
找人監督，如身邊的朋友、家人、同事等。	優勢互補。
拆解目標，減少阻力，增加動力。	借助流程，將目標依序拆解和細化。

了讀書目標。

如果小A覺得讀完一本書很難，如在讀書時很難集中注意力，或書買了很久仍未拆封，那他可以參加讀書會或線上共讀營，和更多志同道合的夥伴一起讀。透過這種方式，小A還能和書友們一起交流讀書心得，更有效的吸收書中的精華並學以致用。這其實也是借助外力實現優勢互補的一種方法。**一個人可以走得很快，一群人會走得更遠**。

如果你的劣勢是你的搭檔優勢，而你的優勢剛好是對方的劣勢，那麼你們就會形成強強聯合，雙方都能展示各自的優勢，實現一加一大於二的效應。

發揮各自的優勢能實現一加一大於二的效應。

有些人思維活躍，當和大家就某個主題展開討論時，總是能聯想到很多其他事物，即思維比較發散，越討論思路越多。這種思維模式能夠激發出很多好創意，這對需要有一定創新性的工作非常重要。

但是，由於想法發散，大家在討論時容易偏離主題。這時，身邊如果有一個專注力強的夥伴，就能提醒大家把握節奏，把太過發散的思維拉回到主題上。

當雙方知曉彼此的優勢，了解各自的才能模式時，他們就有機會成為完美的搭檔，在工作中發揮各自的優勢，實現共贏。

這在團隊合作上格外重要。就像我們在第一章中提到的木桶原理，運用各自的長處，同時避開各自的短處，能讓我們的優勢更突出，讓自己已有的價值被看到。

思考清單

- □ 我有工作搭檔。
- □ 我了解搭檔的優勢和劣勢。
- □ 搭檔也很清楚我的優勢和劣勢。
- □ 我們能基於彼此的優勢工作，讓彼此的優勢都能被看到。

05 別做乖乖牌，要讓自己被看見

天生我才必有用。在工作中，有些人能很快閃耀出光芒，升職、加薪的機會不斷；也有些人勤勤懇懇、默默耕耘，卻一直未能嶄露頭角。

案例

小欣畢業後就進入一家公司，職位是行政專員。兩年來，小欣在工作上一直任勞任怨，所有打雜、跑腿的工作來者不拒。久而久之，同事們對小欣的印象是好說話、努力，但是沒什麼特別之處（優勢）。

小欣為人低調，還給自己取了個綽號，叫「透明人」，在公司幾乎沒有存在感。同事們也都是這麼看待她的。

有一天，小欣的家人幫她找了一份新工作，這份工作有更好的薪資待遇，也有更好的職業發展前景。於是，小欣就從原公司辭職了。

幾個月後的一天，她在商場偶遇一位前同事。這位前同事很激動，大聲說：「小欣，好久不見，妳走後我們都很想念妳！」小欣笑了笑，沒說話。

這位前同事接著說：「公司後來又找了一名行政專員，但是我們都覺得她沒妳好。妳當時總是默默的在旁邊支持大家，什麼髒活[2]、累活都搶著做，任勞任怨，踏實努力……。」這位前同事說了很多小欣的好。

當初小欣辭職時，主管並沒有挽留她，以至於她當時覺得自己學歷一般，沒有什麼優勢，甚至有些自卑。所以，這位前同事的回饋多少讓她有些意外。

在適應新工作的過程中，她找到了我。在我們溝通後，她開始了優勢發展之旅。在新工作中，她多次獲得主管和同事們的肯定，也變得越來越有自信。

「妳有屬於自己的鑽石，妳值得被看見。」這是我們每次見面，我都會對小欣說的一句話。她說了解自己的優勢後帶給她很多能量，從一開始覺得自己一無是處，到後來能自信的展示自己的優勢；從自卑、透明人，再到在新工作崗位上獨當一面，並且還得到了晉升。

也許你也會遇到這樣的同事、朋友或家人，他們默默付出，不求回報，但他們的付出大家卻習以為常，甚至看不到他們的優勢和價值，直到某一天他們離開了，我們才注意到有他們在是多麼好。

事實上，大多數人的內心深處都有這樣的需求：在工作上，我們努力付出後，希望得到主管的認可；在家裡，我們希望家人看到自己的存在和價值。所以，我們不妨先從自己做起，去看見、支持和點亮自己和他人。

每個人都渴望且都值得被看見、被支持、被記得。如果我們看不到他人的潛能和優勢，就沒辦法做到支持他們，更談不上去點亮他們。

我們要主動展示自己的優勢，讓更多人看到我們的價值。同時，我們也要發現和看見他人的優勢，支持和點亮他人。下頁的「看見和展示優勢測試」可以幫助你了解自己在看見和展示優勢方面做得如何。

回答「是」計一分，回答「否」計零分，滿分為十分。我們還可以將這十個描述作為參考，基於優勢來點亮自己、他人和團隊。

2 指那些令人反感的工作。

看見和展示優勢測試

1. 我能在工作中展現自己的優勢？

   ○是　　○否

2. 在團隊中我可以看到他人做得好的地方？

   ○是　　○否

3. 我會主動讚美他人做得好的地方？

   ○是　　○否

4. 與不足相比，我更關注自己的優勢？

   ○是　　○否

5. 與不足相比，我更關注團隊夥伴的優勢？

   ○是　　○否

6. 我每天都會主動做自己擅長的事？

   ○是　　○否

7. 當遇到挑戰的時候，我會借助團隊優勢來應對？

   ○是　　○否

（接下頁）

8. 我每週都會主動和主管溝通工作，彙報本週工作成果？

〇是　　　〇否

9. 身為管理者，我熟知團隊裡成員的優勢和劣勢？

〇是　　　〇否

10. 身為管理者，我會創造機會讓團隊成員做他們擅長的事？

〇是　　　〇否

06 當一個造局者

每個人的心裡都開著一朵花，無論這朵花是豔冠群芳還是平凡無奇，都是不可取代的一種美好，都是獨一無二的，因為這朵花裡蘊藏著你的突出優勢。

◈案例

小支出生在農村，父親特別嚴肅，她從來都不敢和父親唱反調。在這樣的家庭環境下，她成長為一個外表溫順、骨子裡叛逆的人。成年後，她特別沒有自信，害怕權威，雖然很努力學習，工作也很認真，但從來不敢主動向老師、主管表達自己的想法，更不要說爭取個人權利了。這樣的狀態持續了多年，直到她參加優勢教練課。

學習優勢教練課後，她更加了解自己，在工作中能主動展示自己的優勢，還能自信的和主管溝通。

那是一次偶然的機會，她在等人時遇到了自己的主管。主管請她喝茶，他們邊喝邊聊，一起分析公司面臨的問題、未來的發展方向，還有企業文化。她發現自己越聊越主動，最後他們聊了四個小時。

之前，她根本不敢自信、冷靜的和主管交流。但現在，她知道自己在戰略思維方面很擅長，擁有前瞻、學習和理念等才能，也變得越來越有自信。在這次和主管的溝通中，她主動展示自己的優勢，讓主管了解自己的想法。

身為公司的中層管理者，她也有意識的去了解員工的優勢，甚至為每個人做了優勢輔導。

在做完優勢輔導後，她能站在對方的角度去「看到」他們。當看到同事的優勢和劣勢後，她在安排工作時，就盡量讓他們做自己擅長的事，避開他們不擅長的。

從被動到主動，從害怕權威到自信滿滿，從發揮自己的優勢到發揮員工的優勢、為團隊賦能，小支實現了自我突破，也綻放了屬於自己的優勢之花。

左頁圖表3-4是小支綻放優勢之花的關鍵步驟和採取的行動。

如果你也期待像小支一樣綻放自己的優勢之花，在工作中更有自信和勇敢，能夠突破自我，那麼可以試著回答下頁「小練習」的問題。請寫下你的答案，而不是只在頭腦中想一想。相信你也會綻放自己的優勢之花，收穫幸福和精彩。

關鍵步驟 1：認識和發現優勢

採取的行動：透過學習，她深入了解自己的才能和優勢，即在戰略思維領域突出，擁有前瞻、學習和理念等才能排名靠前。

關鍵步驟 2：展示優勢

採取的行動：把握和主管溝通的機會，主動分享自己的想法和對公司發展的思考。

關鍵步驟 3：運用優勢

採取的行動：將學到的優勢教練技術應用在團隊管理上，有效識別團隊成員的優勢和劣勢，知人善任。

▲**圖表 3-4**　小支是如何綻放優勢之花的。

小練習：尋找自己的優勢之花

一、根據第一章末尾（第64頁）的「我的優勢梳理清單」，以及第二章的「我的核心競爭力」，寫下你希望被主管和同事看到的優勢及原因。

希望被看到的優勢：＿＿＿＿＿＿＿＿＿＿

＿＿＿＿＿＿＿＿＿＿＿＿＿＿＿＿＿＿

原因：＿＿＿＿＿＿＿＿＿＿＿＿＿＿＿

＿＿＿＿＿＿＿＿＿＿＿＿＿＿＿＿＿＿

二、為了能讓主管和同事看到自己的優勢，寫下你第一步打算做什麼，及為什麼要這麼做。

第一步打算做：＿＿＿＿＿＿＿＿＿＿＿

＿＿＿＿＿＿＿＿＿＿＿＿＿＿＿＿＿＿

這麼做的原因：＿＿＿＿＿＿＿＿＿＿＿

＿＿＿＿＿＿＿＿＿＿＿＿＿＿＿＿＿＿

三、假設主管和同事都已經看到了你想要讓他們看到的優勢，寫下他們可能會對你說些什麼，及你的感受是什麼。

他們會對我說：＿＿＿＿＿＿＿＿＿＿＿

＿＿＿＿＿＿＿＿＿＿＿＿＿＿＿＿＿＿

我的感受：＿＿＿＿＿＿＿＿＿＿＿＿＿

＿＿＿＿＿＿＿＿＿＿＿＿＿＿＿＿＿＿

第二部

在擅長的事情上努力，才不費力

哈佛商學院教授克雷頓・克里斯汀生（Clayton M. Christensen）說過：「如果你能夠找到一份自己喜愛的工作，你會覺得這一生沒有一天是在工作。」

第四章

四步驟找到適合的方向

大多數人窮盡一生去彌補劣勢，卻不知從無能提升到平庸所需要付出的精力，遠遠超過從一流提升到卓越所需要付出的努力。唯有依靠優勢，才能實現卓越。

——管理學大師

彼得．杜拉克（Peter F. Drucker）

01 我很努力，但不知道自己想要什麼

「我很迷茫，沒有方向，不知道自己適合做什麼。」

「我沒有動力，不知道這份工作是否適合我，怎樣才能找到自己真正喜歡的工作？」

「我感覺最近工作沒有目標、缺乏動力，我想知道如何結合自己的優勢進行職業規畫？」

「我不喜歡現在的工作，想尋找適合自己專長的職位。」

「在他人眼中，我是一個優秀的人，但最近我感覺不到自己的價值了，我需要專業的幫助。」

「我在自己擅長的領域遇到了瓶頸，缺乏向上發展的機遇，我不確定是否要繼續留在現在的職位上，還是轉型嘗試一下其他領域？」

「現在有幾個工作機會供我選擇，但我不知道哪一個更適合自己。」

「我現在的工作定位不是很清晰，不知道自己對什麼樣的事情更有熱情，在職業選擇上很焦慮。」

「我工作十年了，卻越來越迷茫，怎樣才能改變現狀？」

「我剛辭職，找不到未來的方向，好像在很多方面都很擅長，但又不知道如何取捨，總是在選擇中糾結，在取捨中消耗。」

……

以上是我經常收到的學員留言。無論迷茫還是沒有動力，甚至焦慮、不知如何選擇，核心問題都與職業方向不清晰有關。

事實上，一個人要想了解自己適合做什麼樣的工作，要先明確自己具有哪些優勢：我擅長什麼，不擅長什麼？哪些事情我做起來輕而易舉，哪些事情我做起來要費九牛二虎之力，甚至花費全部的精力也未必能取得預期的結果？

首先，梳理自己的優勢，明確自己的核心競爭力（相關方法可見前兩章）。相信在採用了優勢梳理的方法後，現在你對自己的優勢已經有了進一步的了解。

其次，一個人適合做什麼工作，除了看他是否擁有做這份工作的優勢之外，還要看他是否真正喜歡這份工作。

興趣是一個人最好的老師。學習如此，工作也一樣。如果你不喜歡這份工作，就很難全身心的長期投入其中。

如何找到自己在工作上的興趣點，找到自己真正熱愛的事情？

我們先區分「我想做的事」和「我不得不做的事」。你可以列出自己每天在工作中需要完成的所有任務，然後看看哪些是自己想做的，哪些是不得不做的。從「我想做的事」裡，再選出「我最想做的事」，這就是你內心深處真正的熱情和渴望（見圖表4-1）。

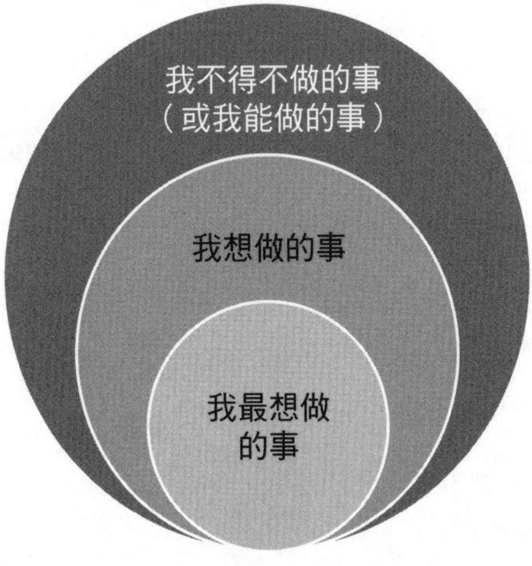

▲**圖表 4-1**　先區分「我想做的事」和「我不得不做的事」，再從「我想做的事」裡，選出「我最想做的事」。

小霞是我們優勢教練班的一名學員，在銀行工作，擔任部門副總經理。圖表 4-2 是她的工作梳理表。透過梳理，她發現了自己最想做的工作，即撰寫各類工作總結、處理臨時性任務和業務管理。

在最想做的工作方面，她也能充分發揮自己的優勢和才能。比如，在撰寫工作報告時，她運用蒐集才能尋找素材，運用思維和理念才能形成自己的觀點，運用學習才能豐富總結的內容，運用成就才能完成報告。

你也可以參照圖表 4-2 的清單，在本章最後（見第一七二頁）寫下你的工作梳理內容，梳理完之後，說不定你會有新的發現。

日常工作	**最想做的工作**
1. 撰寫各類工作總結	☑
2. 處理臨時性任務	☑
3. 組織協調	☐
4. 報表和報告報送[1]	☐
5. 向上和向下溝通	☐
6. 業務管理	☑

▲**圖表 4-2**　小霞的工作梳理清單。

如果你發現在日常工作中，沒有一項是自己最喜歡做的工作，那麼就表示你需要調整自己的工作。你可以根據下一節中的工作甜蜜點模型，探索新的職業可能性。

1 一種訊息傳輸的形式，意思是報告並送交上級或有關部門。

02 工作甜蜜點模型

甜蜜點起初被用在高爾夫球、棒球等球類運動中，是指在擊球的瞬間，球與杆頭接觸的最佳區域。

如果擊球的部位在甜蜜點，表示能量沒有損失，打出的球會飛得又高又遠，而且球速最快。

這也意味著，在各方面條件都恰到好處時，球員能輕鬆完成原本較為艱難的任務。甜蜜點後來也被廣泛應用在經濟學等領域中。

在工作中，我們也可以找到這樣的甜蜜點。每個人都有機會找到自己最理想、最適合的工作狀態，我們把這種工作狀態稱為「工作甜蜜點」。

工作甜蜜點模型由三個元素組成，即優勢、熱情和價值，三個元素的交集就是甜蜜點（見下頁圖表4-3）。

優勢

我在第一章中介紹了優勢冰山模型。一個人的優勢包括其擁有的知識、技能、資源等易被識別的優勢，也包括相對隱藏的才能和性格優勢。

我們要在工作中盡可能的發揮自己的才能。如果在工作中無法發揮自己的才能，就如同一顆種子不能破土而出，那麼他會覺得不自在、不開心，沒有成就感。久而久之，他就會感到很受挫。這也是主動發揮和展示自己的優勢十分重要的原因。

◆案例

伊隆・馬斯克（Elon Musk）身為三家

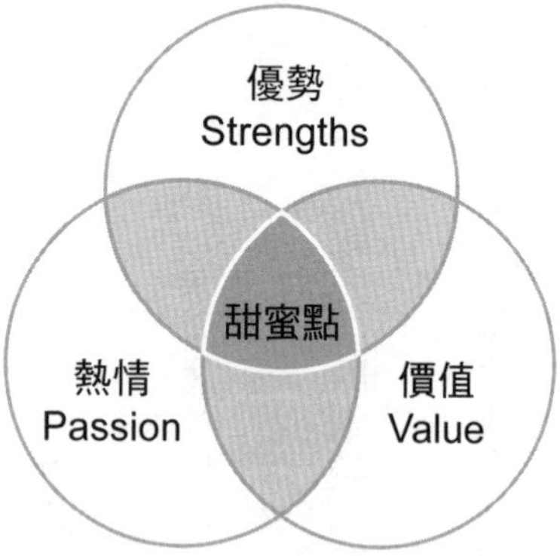

▲**圖表 4-3**　工作甜蜜點模型的三個核心元素：優勢、熱情、價值。

公司（SpaceX、特斯拉〔Tesla, Inc.〕及PayPal）的創始人，被稱為「矽谷鋼鐵人」。他對工作無限熱愛，也將自己的優勢在工作中發揮得淋漓盡致。

無論做事情的專注、堅毅、高度自律，還是所學的材料科學、物理學專業方面的優勢，他都在工作中充分展示出來。

他熱愛技術，對夢想有執著的態度和長期追求的決心。既要開腦洞，也要用結果來證明。一旦他抓住一閃而過的創意，就會為自己的想法傾注所有。

有一次，馬斯克帶領員工做團建[2]，他們騎自行車穿越一個峽谷，最後一段路程騎起來異常艱難，但他堅持到最後。就像他的同事所描述的：「馬斯克永遠能保持精力充沛，並且對任何事情都會全力以赴。」

我們並不是說每個人都要成為馬斯克，但是我們可以成為最好的自己。如果一個人能在工作中充分發揮自己的優勢，那麼這份工作將帶給他極大的成就感。

2 Team Building，團隊建設，公司為了增強員工的團體意識和協作精神舉行的活動。

我們要找到工作中能發揮自己優勢的事情，因為這是我們的工作甜蜜點會出現的地方。

思考清單

□ 我每天都有機會在工作中發揮自己的優勢。
□ 我每天的工作內容都不是自己擅長的。

熱情

我們在做一件事時，有時會達到一種全神貫注、投入忘我的狀態。在這種狀態下，我們甚至感覺不到時間的流逝，在事情完成後，還會有一種內心充滿能量且非常滿足的感受，這就是「心流」（心理學家米哈里・契克森米哈伊〔Mihaly Csikszentmihalyi〕提出的理論）。

這裡的「熱情」是指一個人很喜歡做這件事、願意為之全身心投入。

一位學員曾告訴我：「我在學習時很投入，特別是在學習喜歡的課程時。比如，我從早上八點半開始聽課和完成作業，到現在已經下午三點了，我還沒吃午餐，也沒感覺到餓……。」

這就是熱情。在工作上，做哪些事情時你會有類似的感受？

當我們對工作充滿熱情時，就會投入其中，甚至廢寢忘食。如果一個人對自己從事的工作沒有熱情，就很難做到全身心投入，那麼他就很可能缺乏工作動力。因此，找到能夠讓自己產生心流的事情至關重要。

思考清單

□ 一早，我滿懷希望的起床，迫不及待的想要投入工作。

□ 睡覺前，我感到今天充實而有成就感。

如果在前面的思考清單中，你的回答都是「☑」，那麼這份工作就是你真正熱愛的。

價值

我們可以從兩個維度認識價值：一個是對外，另一個是對內。

對外，就是對社會。這份工作對社會有沒有價值，有沒有社會和市場需求。

對內，就是對自己。對你而言，這份工作的價值回饋能否讓自己滿意，如薪資福利。如果你對一份工作很熱情，也能在工作中發揮自己的優勢，但收入很少，滿足不了日常生活需求，那麼這份工作就很難成為你的甜蜜點。

擁有甜蜜點的工作需要在優勢、熱情和價值三個元素上都得到滿足，否則我們要麼感到不滿足、要麼覺得難以投入、要麼會深感受挫，如左頁圖表4-4所示。

或許有人會問，工作甜蜜點會不會變化？

一個人對於工作甜蜜點的探尋是一個動態、發展的過程，並非一蹴而就。而且隨著年齡的增長和生活閱歷的增加，在不同的人生階段，一個人的工作甜蜜點可能會有所不同。

比如，小A剛開始工作時，想要留在北京或上海這樣的大城市；在價值方面，他想要找到一份能解決當地戶口[3]的工作。只要這份工作能解決戶口，即便薪水不高，這份工作也是他當前階段的工作甜蜜點。

工作幾年後，當他有了家庭，有了孩子，可能會想賺更多錢或多一些時間陪伴家人。這時，他的需求和價值點就與之前有所不同，工作甜蜜點也會相應的發生變化。另外，當小A做同一份工作幾年後，

3 在中國，戶籍不能隨意遷徙，透過戶口制度能夠確定自然人在某地生活、工作等行為的合法性。

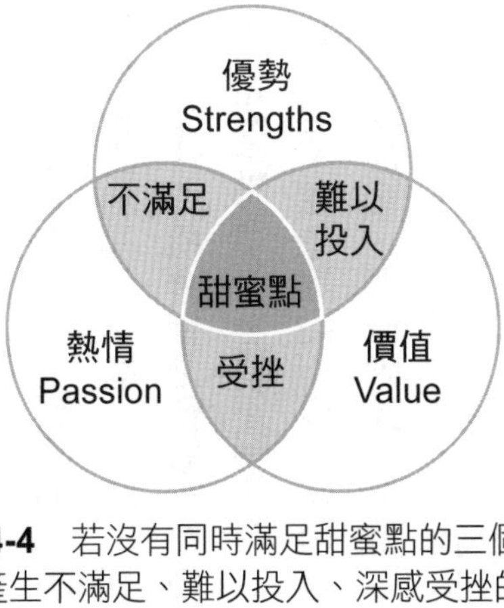

▲**圖表 4-4**　若沒有同時滿足甜蜜點的三個元素，容易產生不滿足、難以投入、深感受挫的感受。

發現自己每天都做著重複的工作，已經沒有最初的熱情，甚至覺得自己的某些優勢發揮不出來。這時，他的工作甜蜜點也會發生變化。

在更注重個體化的時代，越來越多的人對自己有更多、更高的追求。因此，找到工作甜蜜點變得越來越重要。

那如果一直找不到工作甜蜜點，怎麼辦？我們可以在工作中先找到哪怕很小的甜蜜點，並發揮自己的優勢。在此期間，不斷累積相應的知識、磨練技能，讓自己的專業能力越來越強，讓自己的核心競爭力不可替代。**機會總是留給有準備的人**。當我們解決問題的能力變得更強，更大的工作甜蜜點機會就會來臨。

在外界看來，一個人在工作方面需要不停的往上走，就像登山一樣。在攀登的過程中，他可能會覺得艱難、痛苦、疲憊，甚至想要放棄，即使因此而獲得了很多東西，如金錢、榮譽、地位，但他可能並不開心。這時不妨問問自己：我真正想要的是什麼？

我們要找到內心真正看重和熱愛的事，也就是找到自己內心深處的熱愛，逐步優化和放大工作甜蜜點。

03 我該轉職嗎？先回答五個問題

在轉型做培訓師和優勢教練後，經常有朋友問我：「玉婷，這麼短的時間，從軟體研發到培訓，跨行業、跨領域成功轉型，妳是怎麼做到的？」

案例

我大學讀的科系是自動化，研究所讀的是軟體工程，都是理工科系，畢業後進入一家世界五百強外資企業，成為一名軟體工程師。

工作三年後，我感覺對軟體研發工作的熱情沒有以前高了，成就感也不是很大，但當時並不清楚自己到底想做什麼。

於是我開始探索，決定試一試專案管理。另外，我在公司還兼做部門的培訓，包括新舊員工培訓和成長計畫等。

在主管的建議下，我學習了國際專案管理課程，並拿到了專案管理師認證

（Project Management Professional，PMP）。

後來，我有機會參與專案管理有關的工作，做了一段時間後，我發現自己並不像想像中那麼喜歡做專案管理。於是，我繼續探索，包括調整職位、換部門，積極參與公司舉辦的各項活動。

有一天，我參加公司所在園區舉辦的一場英文演講，是由非營利組織國際演講會（Toastmasters International）舉辦的。也有人把它暱稱為「吐司會」。這個組織以有系統性的訓練方式，讓成員加強當眾英文表達能力。

我很喜歡這種公開表達的方式，加上自己也特別喜歡英語，於是就堅持參加這項活動，先後擔任了演講俱樂部的副主席、主席、社區總監，到後來擔任中國區中區總監。

期間，我幫助多家公司建立英文演講俱樂部，還在自己所在的公司建立了一家英文演講俱樂部，受到公司中國區負責人的高度認可。

在國際演講會工作的這幾年，包括做演講、培訓、籌辦活動等，極大的釋放了我的潛能。

國際演講會是一個教育性質非營利組織，在這裡工作沒有薪水，即便如此，我還是願意投入大量的時間和精力。因為我白天還要上班，所以在國際演講會的工作都是利用業餘時間完成。當時，我們經常晚上開會到深夜。我想，那就是「心流」的感覺。

二〇一七年十一月，在朋友的推薦下，我做了蓋洛普優勢測驗，報告顯示我的前五項才能是積極、專注、取悅、溝通和成就。

我終於明白為什麼自己不喜歡軟體研發的工作，也明白為什麼自己在國際演講會工作時有那麼大的熱情，原來都是自己的才能在發揮作用。積極、取悅和溝通才能讓我更喜歡與人交流，而不是每天對著機器。此時，我對未來的工作方向有了新的認識，培訓師就是我想要做的新方向。

為了進一步確認要轉型做培訓，我對自己的工作熱情進行了梳理，如下頁圖表4-5所示。

在知識和技能方面，除了軟體研發這一專業能力外，我在英語學習上也頗有心得，讀研究所期間就通過了托福考試，聽、說、讀、寫還算流利。

另外，在二〇一六年和二〇一七年，我分別自費報名參加了兩門國際培訓師認證課程，並通過考核拿到了認證。在演講、主持和組織宣傳方面都有經驗，但是沒有專業的資格認證。

在優勢才能方面，積極、取悅和溝通才能都使我更適合從事與人交流的工作，這些才能也支持我往培訓、主持等方向發展，而專注和成就才能，幫助我在自己選定的領域持續投入精力。透過分析和比較，我往培訓方向轉型會更有優勢。然而，培訓行業種類繁多，如學校教育、教育機構、企

▼**圖表 4-5**　玉婷的工作熱情和優勢（2017 年底）。

我的工作熱情	知識、技能（專業能力）	才能
主持	有近四年的國際演講會主持經歷、英文主持。	積極、專注、取悅、溝通、成就。
培訓	有近六年的培訓經歷：技術類培訓，演講與表達、領導力培訓，兩個國際培訓師資格認證。	積極、專注、取悅、溝通、成就。
籌組宣傳	有近四年的國際演講會活動組織、策劃和宣傳經歷。	積極、專注、取悅、溝通、成就

業培訓等，那麼，我適合從事哪類培訓工作呢？

帶著這個問題，我開始思考自己可以給他人帶來哪些價值，以及哪個方向能給我帶來和實現最大的價值回饋。

當時我有兩個選擇：一個是做私人家教，教成年人如何學習英語；另一個是在一家培訓機構做企業溝通和領導力方面的培訓師。

綜合比較這兩份工作的優勢和劣勢，我認為企業培訓能夠給我帶來更大的成長空間，所以我選擇了這份工作。二〇一八年初，我順利的實現職業轉型，開始全職從事培訓工作。

當我們知道了自己的優勢和才能時，就可以多做自身才能更支持的事情。我們只有做了，才知道是不是自己心之所好。這個過程或許有些漫長，但只要你提早了解自己的優勢所在，就會加速成長，更快踏入適合自己的賽道。

一個人獨一無二的天賦才能，能讓他釋放巨大的潛能。

一個人可以做出的最佳職業選擇，一定是基於他非常清楚知道自己的優勢和才能，即我有什麼、我能提供什麼、我能做好什麼、我做成了什麼？

下頁圖表4-6是「職業方向選擇問題清單」，如果你正面臨職業方向選擇的問題，可以回答這些問題。你也可以在下一節的「小練習」中寫出自己的工作熱情和優勢，開啟工作甜蜜之旅。

Q1：我有什麼？

A：專業能力、資源、才能等優勢（見第一章）。

Q2：我能做好什麼？

A：優勢或擅長做什麼。

Q3：我做成了什麼？

A：過往工作經歷中的業績和成果。

Q4：我能提供什麼，我能給他人或團隊帶來什麼價值？

A：核心競爭力（見第二章）。

Q5：如果有多個選擇，哪一個能給我帶來最大的價值回饋？

A：選擇甜蜜點更大的工作。

▲**圖表 4-6**　職業方向選擇問題清單。

04 開啟你的工作甜蜜之旅

在擅長的事情上努力，你會越努力越幸運；在不擅長的事情上努力，你會越努力越迷茫。

每個人都有機會找到最理想、最適合自己的工作或狀態，即找到自己的工作甜蜜點。

你可以按照下頁「小練習」中的行動步驟，開啟你的工作甜蜜之旅。

在前文介紹的小霞案例中（見第一五四頁），她透過梳理，發現自己最想做的工作是撰寫各類工作總結、處理臨時性任務和業務管理，那你呢？

小練習

第一步：列出自己每天要做的工作，並標出自己最想做的工作。

我的工作梳理清單

日常工作	最想做的工作
1.	□
2.	□
3.	□
4.	□
5.	□
6.	□

第二步：梳理自己的工作熱情和優勢。

我的工作熱情	知識、技能（專業能力）	才能

第三步：為了放大工作甜蜜點，你覺得自己可以做些什麼？請參照工作甜蜜點模型。

我可以做的事：＿＿＿＿＿＿＿＿＿＿＿＿＿＿

第五章

怎麼展現自己的優勢？

一生之中，你只有兩次是孤獨的，一次是死的時候，一次是向上彙報的時候。

——心理學博士

費德利克．吉伯特（Frederick Gilbert）

01 一開口就緊張，怎樣說更有效？

「我們主管特別嚴厲，平常我都不敢和他打招呼。」

幾乎每個上班族都期待能夠和主管建立良好的關係，可以自在的與主管溝通。然而，無論向主管彙報工作，還是日常的工作溝通，都不是一件簡單的事。

◈案例

小薇在一家金融公司工作，擔任專案經理。她在這裡已經工作四年了，期間升職過一次。

有一天，主管委派她負責一個新專案，公司之前沒有做過這類項目。小薇認為按照公司以往的方式做這個專案，可能會有一些風險，於是就找主管溝通此事，但是主管並不認可。

後來在和主管溝通時又出現了類似的情況，小薇覺得很受挫。她認為主管

「太自信了，聽不進去別人的建議」。

幾個月後，小薇發現自己與主管的關係越來越差，並且開始懷疑自己的工作能力。每次需要和主管單獨溝通時，她就害怕，甚至感到緊張、焦慮，於是萌生換工作的想法。

小薇找到我，想要找尋自己的優勢，為換工作做準備。我們溝通後，她明白原來是她和主管的溝通出現了問題，才導致自己的優勢沒有被主管看到。

小薇的優勢領域是戰略思維。當她發現用原有的方式做新專案有風險時，專案的發展前景讓她感到擔憂。而主管並不這樣認為，所以矛盾就產生了。

我給小薇一個建議：在換工作之前，先和主管進行一次有效的溝通；在彙報專案風險時，也要提供解決方案。

身為專案經理，在看到新專案中的風險時，要想辦法解決問題，盡量降低風險，並且把解決方案一併彙報給主管。小薇擅長思考和分析，可以把解決方案也列出來，而且至少提供兩個解決方案，讓主管做選擇。這樣小薇不僅發揮了自己的戰略思維優勢，還讓主管看到了自己解決問題的能力。

◆案例

在我們溝通後的第二週，小薇主動和主管進行了溝通，一方面彙報了最近的工作，另一方面把自己內心的想法說出來。針對最近做的專案，她表達了自己的看法，並針對發現的問題提供解決方案。

主管聽完後，覺得很好，他們還論討了專案未來發展的各種可能性。期間，主管多次認可小薇的努力和付出，這讓她很受鼓舞。

當晚，小薇就發訊息給我：「老師，了解自己的優勢後讓我更有自信了，我們今天的溝通很順暢，聊了一個多小時，主管還說考慮給我加薪呢！」

當我們在工作中發揮了自己的優勢，而且讓主管看到我們的優勢時，結果就會令人很驚喜。

對公司來說，溝通不暢帶來的經濟損失是難以估計的。一個人的職位越高，就越需要具備溝通能力、彙報能力、說服能力，否則很難在公司內部獲得晉升。因此，學會如何有效溝通，並在溝通中展示自己的優勢，就顯得格外重要。

和主管溝通TIPS

- 提前做足準備。
熟悉彙報內容，提前思考主管可能提出的問題，並制定應對方案。只要我們做到有備而來，就能從容應對。
- 提出問題的同時要有解決方案。
提供至少兩個解決方案，讓主管做選擇。切忌向主管提出問題後沒有解決方案，因為這會讓主管認為我們不具備解決問題的能力。
- 解決方案裡展示出自身的優勢。
無論專業優勢、資源優勢，還是優勢才能，都可以充分展示出來。如果需要主管提供支援，也可以明確提出來，具體的表達方式可以參考後文的SVGSP優勢溝通模型（見第一八七頁）。

02 向上溝通有技巧

傳統觀念認為「管理」都是自上而下的。但是我們也需要「向上管理」。向上管理並不是要你管理或操縱你的主管，而是為了公司、主管及自己，有意識的管理「自己和主管的關係」。

在上一節的案例中，在和主管的溝通出現問題時，小薇未能及時加以解決，導致隨後和主管單獨溝通時感到緊張、焦慮，進而萌生換工作的想法。在我們溝通後，她調整了策略並再次和主管溝通，這次不僅她的建議被採納，而且還得到了主管的認可，甚至「考慮要給她加薪」。

上下級關係對個人發展、團隊績效、組織穩定及企業的核心競爭力，都會產生重要的影響。此外，一個人的職位越高，要處理的事情和承擔的責任就越多。因此，他們的時間很寶貴，尤其是高階管理者，如果我們不能開門見山的闡述自己的觀點，那他們可能很快就會失去耐心。

案例

小帆在一家IT公司工作，負責產品營運，在工作中有一項考核指標是售後工程師在服務過程中的工具使用率。她發現公司設定的指標存在標準不一的問題，打算和主管溝通此事。

在溝通前她很擔心，因為身邊的幾位同事最近陸續找主管彙報工作，但大家的建議都沒有被採納。她有些猶豫，擔心提出異議會影響主管對自己工作能力的判斷。要如何跟主管溝通才能讓自己的建議被採納呢？

許多職場人士或多或少都會有類似小帆這樣的擔心。針對這種情況，我建議大家使用PREP表達模型。在溝通中使用PREP表達模型，不僅可以做到簡明扼要，而且有憑有據，增強說服力。PREP是四個英文單字的首字母縮寫，具體如左頁圖表5-1所示。

PREP表達模型能幫助你快速組織論述，高度提煉和總結自己的觀點，給對方一個清晰且不容易被拒絕的理由。**向上溝通時，以最核心的內容開始，以最核心的內容結束**，這樣的表達簡明扼要，是大部分高層管理者喜歡的溝通方式。

◆案例

在沒想好怎樣與主管溝通之前，小帆並沒有貿然行動。她參加了我的優勢訓練營，更加了解自己的優勢，還學習了優勢溝通等表達模型。她意識到，主管在工作中是以結果為導向。她打算使用課堂上學到的PREP表達模型和主管進行一次溝通。

「我認為當前工具使用率的考核指標設定的不合理，需要重新調整，原指標為A除B，建議改為C除B，其中B為服務量，A或C為工具使用量。」小帆一邊說，一邊指給主管看。

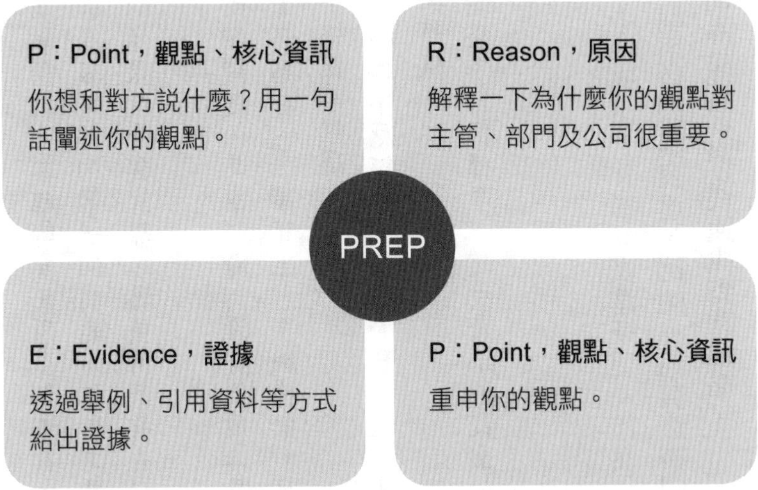
P：Point，觀點、核心資訊
你想和對方說什麼？用一句話闡述你的觀點。
R：Reason，原因
解釋一下為什麼你的觀點對主管、部門及公司很重要。
PREP
E：Evidence，證據
透過舉例、引用資料等方式給出證據。
P：Point，觀點、核心資訊
重申你的觀點。

▲圖表 5-1　PREP 表達模型能幫助你快速組織有邏輯的論述。

「因為在服務中，客戶可能會諮詢多個問題，工程師會使用多個工具，但服務結束後，當前資料只記錄工程師是否在客戶諮詢第一個問題時使用工具，而在其他問題上不做記錄。這樣，記錄的結果就會與實際工具使用率有差距，難以實現設定該指標時的考核目的。」

「你看這個服務例子，客戶諮詢了兩個問題，其中問題一沒有使用工具，問題二使用了工具。當前資料顯示使用工具為0。但事實上，在服務中，只要使用了一個工具，資料就應該為1。」小帆接著說道。

「所以，我認為當前工具使用率的指標標準應該調整為C除B，這樣才能讓該指標更客觀的反映工程師使用工具的情況。」

最後，主管採納小帆的建議，重新調整了指標標準。這也是小帆提出的建議，第一次被主管採納，她感到很開心。

左頁圖表5-2列出了小帆是如何在溝通中，應用PREP表達模型。當然，除了向上溝通，你還可以將PREP表達模型用於即興表達。比如，你突然被問一個問題，但一時不知道怎麼回答，這個模型就能幫助你快速找到關鍵點。

我認為目前工具使用率的考核指標不合理，需要重新調整，原為 A÷B，建議改為 C÷B。	**P**：開場簡明扼要的表明觀點，指出考核指標需要調整及如何調整。
因為在服務中，客戶可能會諮詢多個問題，工程師會使用多個工具，但服務結束後，當前數據只記錄工程師是否在客戶諮詢第一個問題時使用工具。這樣，記錄的結果就會與實際工具使用率有差距，難以實現設定該指標時的考核目的。	**R**：說出具體原因，為什麼要這樣調整。
你看這個例子，客戶諮詢兩個問題，其中問題一沒有使用工具，問題二使用了工具。當前數據顯示使用工具為 0。但事實上，在服務中，只要使用了一個工具，數據就應該為 1。	**E**：舉例說明，給出證據。
所以，我認為當前工具使用率的指標標準應該調整為 C÷B，這樣才能讓該指標更客觀的反應工程師使用工具的情況。	**P**：重申觀點。

▲**圖表 5-2**　小帆的 PREP 溝通。

03 優勢溝通模型，主管同事都幫你

身為員工，我們要向上溝通，希望爭取到更多的資源和支持，向主管彙報一個棘手的問題和解決方案並希望得到批准；身為同事，我們要和他人合作共同完成一個專案，如團隊內部協作、跨部門協作；身為管理者，我們要和部屬溝通，激勵團隊，激發部屬準時、有品質，甚至超額完成任務。另外，我們還要與客戶、家人和朋友溝通。

要如何在上述溝通場景中順利達成目標，讓雙方都滿意？這不是一件容易的事情。

案例

小麗在一家上市公司做人力資源工作，負責幾個部門的人事工作。最近，她的直屬主管發生變動。新主管上任後，小麗發現自己很不適應，因為這位新主管總是臨時分派任務給她，而且還要求她在一天或半天內完成。這經常打斷她本來正在處理的工作，為此她感到很苦惱。

小麗本以為這種情況只是「新官上任三把火」，但是她發現，幾個月過去了，新主管還是這樣。不知道該如何是好？

在上我的優勢教練課後，小麗找到了答案。她認為，在和新主管的相處中，採用優勢溝通對她幫助很大。

從優勢視角出發，運用自己和他人的優勢來達成溝通目標，這就是優勢溝通。我們把它總結為SVGSP優勢溝通模型（見左頁圖表5-3）。SVGSP是五個英文單字的首字母縮寫。這個溝通模型能夠幫助你有效解決溝通問題，改善人際關係。

- **S＝Strengths，看見優勢**。

當一個人和主管或同事的意見出現分歧時，雙方可能會爭執不休，即使最後達成共識，也可能是因為一方做出妥協，而妥協的一方大都會覺得不服氣。

時間久了，雙方的關係就會受到影響，進而影響工作的動力和績效，前文小薇的例子便是如此。由於多次和主管溝通不順暢，小薇誤以為自己不被主管認可，萌生了換工作的想法。

如果我們在溝通時看見雙方的優勢，結果又會如何呢？

「哦，他之所以這麼說，可能是他的某項才能在發揮作用，因為他有這樣的優勢，而我之所以和

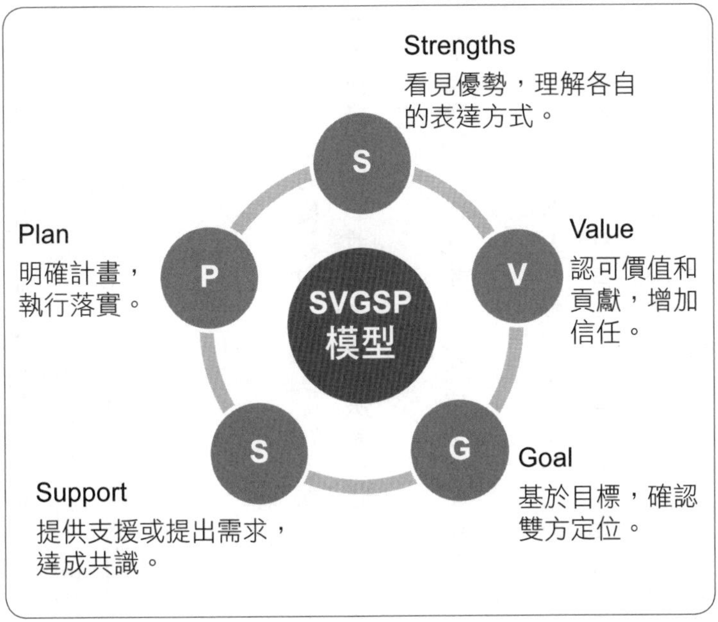
Strengths
看見優勢，理解各自的表達方式。
S
Value
認可價值和貢獻，增加信任。
V
Goal
基於目標，確認雙方定位。
G
Support
提供支援或提出需求，達成共識。
S
Plan
明確計畫，執行落實。
P
SVGSP
模型

▲**圖表 5-3**　使用 SVGSP 優勢溝通模型，成為溝通高手。

他意見不一致，是因為我的某項才能在發揮作用，這其實是我的優勢。」

看見雙方的優勢，我們不僅會理解自己的表達方式，也會理解對方的表達方式，這將有利於雙方的溝通。因此，若基於優勢視角和主管溝通，將為自己打開一個向上管理的途徑。

案例

學習優勢教練課後，小麗明白了自己的優勢和才能——做事專注，不喜歡被打擾。因此，當新主管臨時分派任務給她，並要求她盡快完成時，她會覺得不舒服。

同時，她也意識到新主管可能是行動、成就才能比較突出，所以新主管的工作節奏快，喜歡盡快完成任務。

直到這一刻，小麗才恍然大悟。日後當新主管再次分派任務給她時，她雖然還是會覺得自己的工作被打斷，但是更能理解主管，知道這是因為新主管的才能模式和做事風格。這種做事風格能提升團隊的執行力，有助於團隊取得更好的業績。因此，小麗不再抱怨並及時調整自己的工作重點，配合新主管的工作節奏。

從開始認為與新主管的「溝通有問題」，到後來看到自己的優勢才能，小麗明白自己為什麼在工作被打斷時會感到不舒服，同時看到了新主管的優勢才能，明白雙方的優勢其實都是可利用的資源。

● V：Value，認可價值。

在溝通時，對方的優勢能帶來什麼價值？自己的優勢又能帶來什麼價值？當我們看到各自的優勢，並意識到這種優勢給團隊或工作帶來的價值和貢獻時，我們會更認可對方。這將有助於增加彼此之間的信任，讓工作更有效的向前推進，雙方的關係也會變得更和諧。

比如，小麗在看到新主管的才能和優勢後，意識到這種快節奏的工作模式能夠提升團隊的執行力，讓大家更有效率的完成工作，提升團隊業績。於是，她主動調整工作重點，適應這種快節奏的模式。

• G：Goal，基於目標。

在認可雙方的價值後，我們還需要回到溝通的目標，這會讓我們避免在溝通時偏離主題。

小麗在看到雙方的優勢和價值後，知道這是新主管的才能在發揮作用，而非為難自己。雙方的出發點和目標都是為了完成工作，提升團隊業績。基於這個目標，她清楚了自己的工作重點，並積極配合完成相關工作，不再感到不悅。

• S：Support，提供支援。

為了達成目標，你可以提供什麼支援？你希望對方提供什麼支援？想清楚這些問題後告訴對方，當對方感受到你的真誠和意願時，會更願意支持你。這是雙方達成共識的關鍵一步，也為下一步的行動計畫提供了有力的支持。

比如，如果小麗的主管再次臨時分派任務給她，而她發現自己要完成的工作量已經飽和，沒辦法準時完成新任務時，她可以向主管提出自己需要哪些支援。

如果在開始溝通時，小麗沒有及時提出自己的困難和需要的支援，等到臨近交付日期時才說自己沒辦法完成，那麼主管會認為她的工作能力不足，從而影響對她的績效考核。

- **P：Plan，確定計畫。**

當確認主管所能夠提供的支援後，下一步就可以確定行動計畫了。這是溝通的最後一步，有助於計畫的執行和落實。尤其是在職場中，無論向上溝通、向下溝通，還是跨部門溝通，目的都是希望雙方能達成共識，繼續開展和推進工作。

建立優勢視角，積極的引導（無論自己，還是他人），你會收穫意想不到的驚喜。在下一節中，你會看到小麗是如何運用SVGSP優勢溝通模型與新主管溝通。

溝通的本質是雙方達成共識。在工作中，基於優勢進行溝通，我們會更容易看到他人做得好的地方，而不是總盯著對方的不足。這有利於我們做出積極應對。**與消極應對相比，我們做出積極應對時更容易獲得對方的認同。**

思考清單

- □ 我和主管的溝通基本很順暢。
- □ 我和主管的溝通總是不順利，我的建議總是不被採納。
- □ 我和同事相處融洽溝通無障礙。
- □ 我發現同事很難溝通時，我會刻意迴避。
- □ 我每次和部屬溝通都很順利，部屬也能順利完成任務。
- □ 我發現部屬總是不了解我說的話，工作不能如期完成。

04 主管總是看不見你的努力？

在上一節的案例中，小麗的新主管總是臨時分配任務給她，而且要求她盡快完成。小麗覺得自己的工作節奏總是被打亂，這讓她感到很不悅。

在學習優勢教練課後，她找到了答案。一方面，她的專注才能突出，做事不喜歡被打擾。另一方面，她也意識到新主管的做事風格是基於他的優勢才能，於是她基於優勢與主管溝通，最後達成了不一樣的結果。

當主管再次臨時分派任務給小麗時，她便運用SVGSP優勢溝通模型與主管進行了溝通。

案例

「小麗，集團總部計畫給各分公司的人力資源部門做一次集中教育訓練，內容是關於公司最近更新的制度。妳準備一下教育訓練內容，今天是週二，妳這週五做好教育訓練的簡報，然後發給我。」

小麗聽主管這樣說，心裡不高興：怎麼又要我做？而且時間還這麼緊迫，我這週還有徵人任務和月會工作總結要完成。

按照以往的風格，她一定會據理力爭，想辦法推掉，雖然知道可能也推不掉。但這次小麗想用SVGSP優勢溝通模型試一試。

她站起來，停頓了幾秒，盡量心平氣和的跟主管說：「我們要給各分公司的人力資源部門做制度教育訓練，我記得之前開會說在年底前完成就行，現在是八月，我們現在就要做嗎？」

「是的，這些事情都要提前做。」主管說。

小麗明白了這件事現在就要做，但自己的任務量已經飽和，於是她接著說：「我看你經常加班熟悉公司的業務，並且常和我們說要提高執行力，行動要快。現在我們的執行力都變得更強了，我們部門最近落實了不少事，在上次的月會上，集團還表揚了我們。所以我很認同這種事情要提前做的想法和做法。只是我擔心這週可能來不及完成簡報，因為這週我有一項徵人任務得先完成，也已經約了幾個人來面試。另外，我還要準備上個月的部門工作總結，這項工作也是我這週必須完成的。做教育訓練的簡報需要蒐集和整理一些資料，最近公司在做組織架構調整，還需要和其他部門溝通和確認。我擔心如果都在這週完成，時間上會來不及。」

看主管沒有否定，小麗接著說：「我知道你希望大家盡快完成任務。不然我這週先完成徵人工作和月會總結，下週集中精力做教育訓練簡報，我盡量趕下週三做出初稿，你看可以嗎？」

主管聽完，抬起頭看了小麗一眼，說：「徵人和月會總結這週要完成，妳按計畫做就行。教育訓練的簡報，妳先把現有的資料發給我，看看需要什麼支援，及時和我說。下週三初稿出來，我們再討論下一步的計畫。」

小麗一聽高興的說：「好的，我馬上發給你，謝謝。那我先忙手頭的工作，下週三給你簡報初稿。」

顯然，小麗在基於優勢進行溝通時，首先她的態度有了轉變，不再據理力爭，而是能夠心平氣和的表達自己的觀點。

先處理好自己的情緒再溝通，這在溝通中很重要。說話時的語氣會透露出我們的態度。

當小麗確認了主管期待完成教育訓練簡報的時間點後，她開始了優勢溝通。左頁圖表5-4是她運用SVGSP優勢溝通模型進行優勢溝通時的關鍵對話。

溝通後，主管同意小麗按計畫往前推進，並提供了所需的支援。

透過優勢溝通，小麗獲得了主管的理解和支持，內心很受鼓舞。這種感受與之前她被動的接受任務時的感受很不一樣。這次和主管的溝通也幫小麗多爭取了一些時間，她可以按照自己的節奏推進各項工作。

幾個月後，小麗發訊息告訴我，她年終的績效考核是A，會有不錯的年終獎金。另外，主管還準備給她升職。

我看你經常加班熟悉公司的業務，並且常和我們說要提高執行力，行動要快。	**S**：強調主管的執行力優勢。
在上次的月會上，集團還表揚了我們。	**V**：表達出主管的優勢為部門所帶來的價值。
只是我擔心這週可能來不及完成簡報，因為這週我有一項徵人任務要完成……我擔心如果都要在這週完成，時間上會來不及。	**G**：運用 PREP 表達模型說出主管希望快速完成的目標。
最近公司在做組織架構調整，還需要和其他部門溝通和確認。	**S**：表達出需要支援。
我知道你希望大家盡快完成任務……這週先完成徵人工作和月會總結，下週集中精力做教育訓練簡報，我盡量趕下週三給你初稿。	**P**：提出下一步的行動計畫。

▲**圖表 5-4**　小麗與主管的優勢溝通。

小練習

一、回顧最近一次和主管或同事的溝通，溝通結果是否達到了你的預期？如果沒有，假設你現在有機會使用 SVGSP 優勢溝通模型再溝通一次，你準備怎麼說？

	S：看見優勢。
	V：認可價值。
	G：基於目標。
	S：提供支援。
	P：確定計畫。

（接下頁）

二、在接下來的兩週，你是否需要向主管彙報工作？如果你希望這次溝通後獲得主管的支援，如資源、預算等，你打算怎麼說？如果使用 SVGSP 優勢溝通模型、PREP 表達模型，你會怎麼說？

使用 SVGSP 優勢溝通模型

使用 PREP 表達模型

此外，在生活中，你也可以使用 SVGSP 優勢溝通模型、PREP 表達模型來溝通。比如，和父母、孩子、伴侶，甚至和朋友的交流。尤其是 SVGSP 優勢溝通模型，如果經常使用這個模型，你會成為一個更受歡迎的人。

第六章

部屬有優勢，
主管得賞識

領導是一種共同任務，領導者必須藉由「賞識的力量」，以培養與鼓勵員工的創意與表現來獲致成果。

——領導學之父

華倫・班尼斯（Warren Bennis）

01 及時認可，員工主動拚命

◈案例

吉米在一家外資企業擔任技術部主管。公司的年度績效考核剛結束，主管開始和各部門員工談加薪事宜。技術部的員工最近正在趕一個專案，幾乎每天晚上加班到十點。在這種時候和大家談加薪事宜，吉米感到壓力很大，因為一旦員工對加薪感到不滿，就可能導致專案進度落後。

但又必須得談，因為公司規定月底前要完成所有員工的面談。吉米開始和團隊成員做一對一的溝通。週三下午，他在辦公室和部屬小佳進行溝通，並把考核表遞給她。

「這麼少啊。」小佳說。

「今年公司的整體加薪情況都不太樂觀。」吉米說。

「可是今年我很努力呀，那這次的加薪平均值是多少？」小佳又問。

「這個不能講，是保密的。」吉米說。

「其實，今年有些人調的比妳的還少，這次加薪幅度普遍都不大，妳多體諒些。」吉米說。

「我覺得有些不公平，感覺自己的辛苦付出沒有得到應有的回報。而且最近我們一直加班，也沒有加班費。」小佳說。

「要不妳先回去再想想，如果妳想找麗麗（麗麗是吉米的直屬主管）溝通的話，我可以和她說一下。」吉米說。

「好吧，那我先回去。」小佳說。

這次談話結束後，吉米發現小佳在工作上沒有以前那樣積極了——早上到公司的時間比以前晚，會議上也不發言了。同時還發現其他同事的工作態度也變得不積極。他覺得需要趕快做些什麼來提升團隊士氣，但又感覺無從下手。

我和吉米溝通後，發現他不知道如何激勵部屬。他和小佳就加薪進行的溝通對小佳沒有產生任何激勵作用，所以小佳在工作上不再像以前那樣積極了。我幫吉米分析了團隊優勢，並示範如何運用優勢溝通模型，他馬上就意識到了問題所在，所以再次和團隊成員進行一對一的溝通。下面是他和小佳的第二次溝通。

◈案例

「小佳，這個專案快收尾了，妳要不要休幾天假，放鬆一下？」吉米說。

「好啊，正想和你說休假的事。」小佳說。

「休吧，這段時間連續加班，大家都辛苦了。等專案忙完，我向主管爭取辦個聚餐。」吉米說。

「好呀。」小佳高興的說。

「妳一直都很努力，也很積極，從畢業後加入公司到現在，這幾年成長很快。我知道這次加薪沒有達到妳的期望，不過不要洩氣，妳在團隊裡的付出和貢獻，大家都是有目共睹的。麗麗和我都很看好妳。」吉米說。

「關於升職，今年妳再努力一年，再提升一下自己的技術，比如做一些有利於專案完成的軟體。需要什麼支援，妳儘管和我說。年底前，如果妳能做出一、兩個幫助提升工作效率的軟體，那就離升職不遠了。」吉米接著說。

「好的，謝謝主管支持。」小佳說。

「加油，好好做吧，妳未來會比我有前途。」吉米說。

「謝謝你的鼓勵。」小佳說。

談話結束後，小佳覺得自己的努力被主管看到和認可，受到了極大的鼓舞。在接下來的幾週裡，吉米看到小佳的工作態度有了很大的轉變，比以前更投入了。

及時認可，激勵人心。在職場中，有時員工需要一個理由讓自己繼續走下去，需要被激勵去完成任務。**沒有人願意在被忽視和被認為理所應當的情況下長期堅持**。當主管對部屬所做的事感到理所當然時，部屬往往會覺得沮喪或洩氣。一旦主管與部屬的關係破裂，就很難再激發部屬有優異的表現。

身為管理者，你的工作就是讓員工感到他們的工作很重要，是他們讓一切變得有所不同。當你能看到對方的優勢並認可其價值時，就做到了這一點。就像吉米與小佳的第二次溝通一樣，你也能夠做到激勵人心，達成溝通的目的。

左頁圖表6-1列出了吉米運用SVGSP溝通模型和小佳的關鍵對話，而且這次他從休假作為切入點，在一定程度上讓小佳感到自己的工作壓力被理解。

妳一直都很努力，也很積極，從畢業後加入公司到現在，這幾年成長很快。	**S**：看見優勢。
妳在團隊裡的付出和貢獻，大家都是有目共睹的。麗麗和我都很看好妳。	**V**：認可價值。
關於升職，今年妳再努力一年，再提升一下自己的技術，如做一些有利於專案完成的軟體。	**G**：基於目標。
需要什麼支援，妳儘管和我說。	**S**：提供支援。
年底前，如果妳能做出一、兩個幫助提升工作效率的軟體，那就離升職不遠了。	**P**：確定計畫。

▲圖表 **6-1** 吉米與小佳的第二次對話。

思考清單

- □ 身為管理者，我能看到員工的優勢。
- □ 在團隊中，我經常表揚團隊成員。
- □ 身為主管，我常關注員工的缺點。

02 團隊有三種，你的部門是哪一種

團隊是由一定數量、願意為共同目標，而共同承擔責任的夥伴組成的群體。在企業中，一般有三種類型團隊：依附型、獨立型和互補型（見下頁圖表6-2）。一個人最大的成長空間來自他最強的優勢領域。同樣，一支基於優勢發展的團隊，將會釋放出每位團隊成員的最大潛能。

在基於優勢發展的團隊裡，團隊成員的優勢備受重視。組建優勢團隊的關鍵就在於，個人在團隊中如何衡量自己所做的貢獻，以及如何將自己的優勢與團隊成員的優勢相結合，共同完成任務。

如果把團隊比喻為一支球隊，那麼大家聚在一起就是為了進步和贏得勝利。因此，身為團隊的一員，我們要發揮自己的優勢，主動去做與團隊發展方向一致的工作。身為管理者，我們要能夠根據每位成員的特點和優勢分配任務，盡可能的發揮每個人的優勢。只有這樣，我們才能建立一支有戰鬥力、高績效的團隊。

案例

小何是某銀行分行的負責人。在工作中，他時常覺得沒有成就感，不知道自己的核心競爭力是什麼，甚至有一段時間出現很明顯的憂鬱症狀。

學習優勢教練課後，他找到了原因：公司的KPI考核要求很嚴，而他擅長戰略分析，所以在工作中他難以發揮自己的才能，這引發了強烈的挫敗感。

之後，他開始主動發揮自己的優勢。他首先在現有工作中找尋自己優勢的用武之地——發揮自己的共情能力，發現員工的長處，帶領他們一起進步。

比如，他建議年輕員工做優勢測驗，帶領他們一起學習優勢理論，同時根據

依附型團隊

管理者做決定，並為團隊設定相關議程、優先事項和規則制度，分配工作任務。

獨立型團隊

管理者給出大致的方向，團隊成員據此展開各自的工作和任務，對自身工作有一定的掌控。

互補型團隊

團隊成員相互支援，共同完成任務。這種團隊能夠讓每個人都盡可能的發揮自己的長處，聚焦每個人的優勢，並管理好自己的不足。

▲**圖表 6-2**　三種類型團隊及其特點。

他們的才能為他們安排合適的工作。一段時間後，他明顯感覺到大家比之前更有幹勁，自己也更有成就感。

另外，他認為學習優勢教練課對自己最大的幫助就是，提升了自己一對一溝通的能力，特別是運用SVGSP優勢溝通模型，效果很快就得以顯現。以前他也學習過很多有關溝通的知識，但都沒能有效落實。現在每當與他人溝通時，他會不自覺的基於優勢視角來溝通，尤其在接觸新客戶時，每次都能取得特別好的溝通效果。

他還帶領團隊獲得了高績效。在他剛被安排到這家分行時，該分行在區域內的排名經常倒數。他用兩年多的時間將團隊排名提升到中上水準，最好的一次是在十五家分行裡排名第二。

帶領團隊從區域排名倒數躍升排名第二，小何分享了三個關鍵點：

第一，得益於自己的戰略思維優勢。

小何擅長戰略分析，就主動對所有工作的KPI指標做了分析，並與排名靠前的分行對照，然後召集團隊主要成員一起討論並達成共識：集中發揮每個人的優勢，避免一味的彌補缺點。

他們選取了能夠快速提升ＫＰＩ的三個指標作為突破點，以便樹立團隊的信心。與此同時，小何主動發揮自己的學習優勢，帶領團隊研究新產品，拓展業務範圍，為長期發展打好基礎。

第二，得益於自己的關係建立優勢。

小何的個別、伯樂才能也很突出，這兩項才能都屬於關係建立領域（蓋洛普四大優勢領域之一，見第二六一頁）。

運用這些才能，他能夠發現團隊中年輕人身上的優點，並且給予他們鼓勵和指導。

他還主動幫助員工的家屬——在他們遇到糾紛時，運用自己的法律知識為他們提供幫助。漸漸的，團隊變得更溫馨，各種抱怨變少，凝聚力也增強了。同時，他讓有執行力和有影響力的員工放手去做，發揮他們的優勢，團隊的業績很快得到了提升。

第三，建立團隊認同感。

首先，小何鼓勵團隊成員坦誠相待，說出自己的真實想法，找尋並發揮自己的才能，讓員工都有一種自己的優勢被看見的感覺。

其次，他認真傾聽並及時給予回饋，讓員工知道自己的意見是有價值的。

此外，他向員工說明自己也會犯錯，鼓勵他們勇於隨時指出自己的錯誤。

當然，不是所有員工都能積極回應。這就需要盡量選拔對團隊有認同感、有責任感的員工，減少團隊中「不和諧聲音」。當員工對整個團隊有認同感後，其自主性和團隊榮譽感便會油然而生，員工之間的合作也會變得深入、順暢。

主動發揮優勢，運用好團隊成員的長處，做到人盡其才，就是打造高績效團隊的祕訣。

充分運用團隊成員的優勢，成就卓越團隊的能力，取決於團隊管理者能在多大程度上了解、欣賞和開始用有意義的方式使用這些訊息。一旦你了解如何發揮每位團隊成員的優勢，大家便能夠迅速找到新的合作方法並提高績效。作為管理者，小何做到了這一點。

03 三步驟打造高績效團隊

案例

阿敏是做餐飲管理的。她發現，公司的一些制度並不能被有效落實。在剛開始推行的階段，員工會按照規定執行，但幾週後，如果沒有人監督，他們便不再完全依照制度執行。

身為負責人，阿敏感到很為難，員工總是不遵守規定，該怎麼辦？

在學習優勢教練課後，她找到了答案。她發現，自己的優勢是建立關係，但在執行和監督方面並不擅長，以前她把這種監督績效考核的事情交給經理完成，效果也不理想。現在，運用優勢教練技術，她發現，其實經理和自己具有相似的優勢才能。

於是，她開始在團隊裡找更適合承擔這項工作的人。她發現，新來的領班執行力很強，在做事方面公平、公正，循章辦事。很快，阿敏就將經理和領班的工作做了調整，讓領班落實監督團隊績效方面的工作，因為領班會嚴格按照標準執行；而經理則負責團隊管理和顧客維護，這些是他很樂意做的工作。

在接下來的幾週裡，阿敏發現，制度落實比以前順利多了，員工都能按照制度執行，團隊氛圍也更和諧了。

經過這件事阿敏深刻體會到：要把員工放在合適的崗位上，發揮所長，這樣才能做到「知人善任，人盡其才」。以前她總想讓團隊成員彌補自己的缺點，學習優勢教練課後，她開始發現團隊成員更多的優點，並認可和鼓勵他們。

把員工放在合適的崗位上，讓他們發揮所長，才能真正做到「知人善任，人盡其才」。身為管理者，若能基於優勢發展團隊，將迎來打造高績效團隊的最佳機會。該如何做？步驟有三：

第一步，了解自己的才能和優勢。

管理者首先要清楚自己的才能和優勢，知道自己更喜歡和更擅長的做事方式、思維方式，並且能在恰當的時機運用這些優勢。阿敏在清楚自己的優勢並非執行和監督後，迅速在團隊中尋找擅長做這方面的員工負責該項工作。

第二步，看到團隊成員的差異化優勢，制定個性化管理方案。

管理者還需要具備優勢洞察力，能快速識別員工的優點和缺點，然後發揮每個人的優點，避開各自的缺點。

阿敏在發現經理做監督和執行工作的效果不佳時，不是要他努力彌補缺點，而是尋找團隊裡可以勝任這項工作的員工。她讓擅長執行工作的領班，負責監督團隊績效方面的工作，讓擅長關係建立的經理，負責團隊管理和顧客維護，最後他們都在自己擅長的領域取得了成績。

關於如何看到員工的差異化優勢，你可以遵循「多問和少問」的思路（見下頁圖表6-3），避免自己總是看到員工的缺點，這樣就可以針對員工的優點和特點管理團隊了。

第三步，看到團隊的共同優勢。

高績效團隊在執行力、影響力、關係建立和戰略思維這四個維度都有優勢。

多問

1. 他貢獻了什麼？
2. 他能做什麼？
3. 他做得好的地方有哪些？
4. 他的突出才能是什麼？
5. 我有沒有提供機會，讓他發揮自己的優勢？

少問

1. 他跟我合得來嗎？
2. 他不能做什麼？
3. 他哪些地方做不好？

▲**圖表 6-3**　管理者的「多問和少問」。

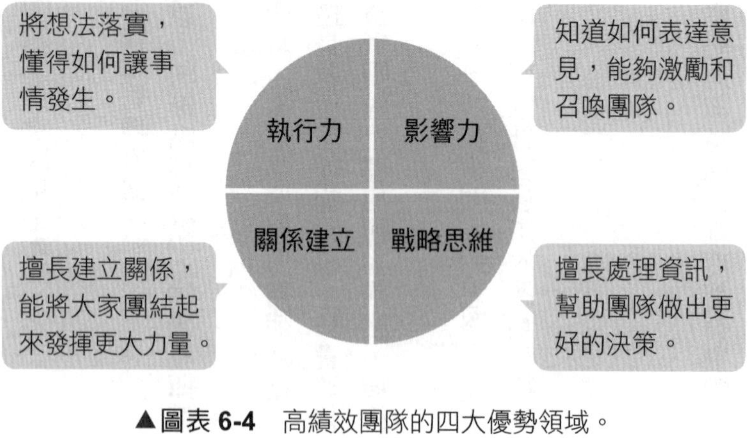
將想法落實，懂得如何讓事情發生。
執行力
影響力
知道如何表達意見，能夠激勵和召喚團隊。
關係建立
戰略思維
擅長建立關係，能將大家團結起來發揮更大力量。
擅長處理資訊，幫助團隊做出更好的決策。

▲**圖表 6-4**　高績效團隊的四大優勢領域。

這四個維度能夠幫助管理者了解團隊成員的貢獻，以及他們如何完成工作任務、影響他人、建立關係和處理訊息（見右頁圖表6-4）。

員工在哪方面的優勢更突出？團隊的共同優勢又是什麼？了解這些，管理者就能有效發揮員工的潛力，打造基於優勢的高績效團隊。

世上沒有十全十美的人，有高峰必有深谷。當管理者了解並欣賞每名員工的優點時，就能夠打造一支基於優勢的高績效團隊。

每個人都具有無限潛能。如果員工感到自己的優勢被重視，能預期未來的職業發展方向，自己的發展欲望和需求被滿足，那麼他們就更願意努力投入工作。

04 一杯咖啡帶來五百萬美元的大訂單

公司新成立一個部門，派誰負責合適？誰更能勝任？部門的職能定位和個人的職業發展規畫怎麼有效的結合起來？身為管理者，如何高效的與團隊成員進行溝通，做到人盡其才？怎樣才能實現團隊的高績效？

在學習團隊優勢工作坊課程後，施璐德亞洲有限公司的首席執行官李燕飛深受啟發。透過不斷發揮優勢，她在公司盈利、團隊管理方面都取得了優異的成績，而且連任了公司的首席執行官。

案例

有一天，在智利出差的李燕飛和當地合夥人及其朋友一起喝咖啡時，得知這位朋友剛從中國回來，有意從中國購買餵魚船，但沒有從中國採購的經驗。

感受到這位朋友的顧慮後，李燕飛想：「我是不是可以做這件事？雖然沒有接觸過造船業，但採購管理是我的長處。」雙方溝通後，初步達成合作意向。

回國後，李燕飛立刻組織團隊做了大量調查研究，精心選擇五家合適的船廠。在諮詢行業專家、實地拜訪後，他們多次優化方案，最終與客戶達成協議，確定六月二十五日為交付日期。

由於受新冠肺炎疫情影響，原本規模為幾千人的船廠，只有三十多名工人在廠裡幹活。此外，由於物流停滯，原物料也無法及時送到廠裡。交付日期眼看就要到了，該怎麼辦？

「不能辜負客戶的信任，這是我們的責任，不能放棄。」帶著強烈的責任心，李燕飛與各方溝通，鼓勵船廠、專案團隊盡可能調配資源。終於在五月，船廠工人增加到一千兩百名，並實行輪班休息。最終，五艘餵魚船如期舉行了下水儀式。

誰能想到一杯咖啡居然促成了五艘餵魚船——五百萬美元[1]的大訂單！

這件事立刻轟動了整個智利漁業，因為正常情況下，交付五艘餵魚船需要一年的時間，而李燕飛帶領的團隊只用了四個月。她的守時守信受到客戶高度的讚譽。

李燕飛將優勢視角持續應用於公司營運、團隊管理和人才發展等方面，這讓她在解決問題方面擁有了新思路。她分享了三個關鍵點：

第一，主動承擔責任，進行資源整合。

強烈的責任心和不輕易放棄的決心是李燕飛帶領公司迎難而上，並最終完成專案交付的關鍵。她是如何發揮自己的優勢？下頁圖表6-5是我分析了她的部分優勢才能在整個專案中發揮的作用。

第二，區別對待不同員工，發揮他們的所長。

以前在管理上，李燕飛會以自己的標準要求員工。她所在的公司目標是培養全能型的CEO，但有時候也會碰到不同的情況。

「我的職業發展不是成為CEO，至少現在不是，我只想把這件事情做

1　美元兑新臺幣的匯率，若以二〇二一年六月二十七日，臺灣銀行公告之匯率二九．八八元為準，此約新臺幣一億四千九百四十萬元。

▼**圖表 6-5**　李燕飛的才能應用。

優勢才能	如何幫助她實現目標
交往	在與合夥人及其朋友的閒聊中，她發揮交往才能，捕捉到了智利朋友想在中國採購餵魚船，並抓住這個機會，這也是她的採購管理專業的優勢所在。
學習	她發揮學習優勢，組織團隊進行調查研究，透過諮詢行業專家、實地拜訪，多次優化方案，最終與客戶達成協議。
責任	當遇到工人緊缺、物流停滯、原物料無法及時到廠的困難時，強大的責任才能讓她選擇迎難而上：不能辜負客戶的信任，這是我們的責任，不能放棄。
統籌	為了按時完成交付，她發揮統籌優勢，與各方溝通，調配資源，最終如期交付 5 艘餵魚船。

好。」有些人會這樣說。

參加團隊優勢工作坊課程後，她對團隊有了新的認知，原來每個人內在需求和擅長的事是不一樣的。李燕飛也發現，人與人之間的確是有區別的。每個人都有自己的優點和缺點。她開始理解和接納每個人的不同。

有些人喜歡研究技術，而有些人則不擅長。有些人喜歡商務談判，而有些人則更喜歡做具體方案。團隊成員需要相互配合，才能實現共贏。於是，她鼓勵同事們發揮所長，而不是努力補短。

◈案例

在李燕飛任職的公司，營運長（Chief Operating Officer，COO）的關係建立能力特別強，跟大家的關係都很好，但他話不多。

「你要多表達呀。」李燕飛以前經常會提醒這位營運長，認為他在表達方面需要改進。學習優勢教練課後，她能從優勢視角看待團隊成員。她發現，營運長在做事和關係建立方面很擅長，特別是當專案遇到困難時，他能發揮自己的這些優勢，推動整個團隊把專案完成。

財務長做事嚴謹，業務能力強，他會想辦法控制成本和預算。而李燕飛認為，有些事情是需要投資的。一旦遇到這種「不好溝通」時，營運長就能從中協調，促使他們達成共識。而首席工程師執行力強，能帶領團隊深耕技術。

李燕飛發現每個人身上更多的優點，他們是同事，更是搭檔，只有優勢互補，才能共贏。

「透過優勢視角看待上下級之間的關係、搭檔之間的關係、團隊內部的關係，你能發現每個人的優勢，以及團隊是否有不足，如果有，可以找誰來補上。」李燕飛說。

從優勢視角出發，李燕飛更能理解每位團隊成員，不再像以前那樣對他們求全責備。

第三，根據每個人的優勢和特點安排和部署，並定期追蹤。

李燕飛在連任首席執行官後，重新部署所有部門，對重要職位編寫職位說明書，把相應的任務予以分解，並要求團隊成員執行分解後的任務，每週、每月及時跟進。每月她會親自帶領每個部門的總經理跟進部門的工作情況。

◈案例

有一次，李燕飛臨時參加了採購中心的週會。她發現，採購中心已經成立一段時間了，但內部職責似乎還是不清晰。

於是，她要每個人都整理出自己的優勢是什麼，希望在這個團隊裡承擔的工作角色是什麼，以及未來希望深耕和發展的方向是什麼。她希望據此進行分級和分工管理。

李燕飛幫助團隊成員明白，上述三個問題可以幫助大家看清楚自己的優勢是什麼，不管是經驗、能力，還是個性方面。

李燕飛強調每個成員要有發現自己優勢的能力，要明確哪些事是自己的確有能力做好，且願意長期深耕的。

李燕飛讓團隊成員結合自己的職業規畫，在工作中找到優勢定位。

分工明確、分級管理是管理者（尤其高層管理者）必須做到的。每個人的優勢、能力及發展需求不同，要想人盡其才，就需要先了解他們的需求，同時也要讓員工清楚自己的需求，這樣他們工作起來才會更有動力。

優秀的管理者，成就自己；卓越的管理者，成就他人。基於優勢發展自己和團隊，你也可以成為卓越的管理者，就像李燕飛一樣。

思考清單

□我了解同事或搭檔的優勢。
□同事或搭檔也了解我的優勢。
□我清楚如何發揮自己的優勢和才能，幫助團隊實現目標。
□身為管理者，我了解每個人的優勢和團隊的優勢。
□身為管理者，我知道如何利用這些優勢打造高績效團隊。

優勢整合 TIPS

- 區別化對待不同的員工，做到人盡其才。透過優勢視角看待上下級關係、搭檔關係、團隊內部的關係，你能發現每個人的優勢，以及團隊是否有不足，如果有，可以找誰補上。
- 自上而下，定期開會追蹤。根據每個人的優勢和特點給他們安排工作，每週和每月都進行追蹤，讓團隊裡的所有人都能發揮各自的優勢。
- 讓員工結合優勢和職業規畫，明確自己的定位。幫助員工發現並整理出自己的優勢，列出希望在團隊裡承擔的工作角色是什麼，以及未來希望深耕和發展的方向是什麼，在工作中清楚自己的優勢定位。

第七章

每個人都可以比昨天更厲害

每個小孩都是天才，只是媽媽不知道；每個人都可以比當下厲害 100 倍，只是自己不相信。

——漫畫家／蔡志忠

01 放大優點，缺點就變小

生活有時瑣碎而平庸，但我們仍要勇往直前。當我們擁有了家庭，上有老下有小，還要努力工作時，又該如何處理好當下所有的事，持續精進、活出幸福人生呢？

案例

小鑫工作十三年了，依然覺得自己沒有什麼優勢，依舊像「職場小白」，所以很沒自信。為了照顧長輩和小孩，她申請調回老家，成為一名銷售人員。但她從未做過相關的工作。

小鑫和兒子已分開兩年，聚少離多。而且小孩的爸爸也在外地上班，所以小孩從小缺少母愛和父愛，內心缺乏安全感。從公司總部調回老家工作，她終於能陪伴兒子了。

小鑫發現兒子學校成績不好，每天心不在焉。在分析了可能的原因後，她做的第一件事就是跟父母商量分開住，給小孩「斷奶」。

沒有爺爺和奶奶的庇護，小鑫成了兒子唯一的依靠，並且開始管理孩子的學習。

第一次去見兒子的班導師時，小鑫覺得自己就像犯了錯的孩子，在老師面前站了一個多小時。老師拿著兒子的作業，指出一大堆問題。站在旁邊的兒子，看看老師，又看看媽媽，低著頭不吭聲，一會兒目光就游離起來。「他上課也這樣，聽著聽著就走神了。」老師說道。

從學校出來，老師的話讓小鑫心急如焚，一路上都在想該怎麼辦。跟丈夫商量後，小鑫覺得需要給孩子補課。她買了各科的自修和測驗卷。晚上，兒子放學回來，她就守著他寫作業，並認真檢查、修改，還會把他當天上的全部重講一遍。

幾天下來，兒子開始反抗，小鑫越是要他好好寫字，他就越是不好好寫。

「我不想改，就想錯！」兒子說。

小鑫聽到後特別生氣。

一邊是適應新職位，一邊是對兒子的擔憂，小鑫遇到了人生前所未有的困境。也正因此，她學習了優勢教練課，希望能更了解自己、了解兒子，盡快改變現狀。

上了兩週後，她知道了自己擅長換位思考，在關係建立方面優勢突出。她感到心裡篤定了很多，也變得有自信。知人者智，自知者明。「當你知道自己的優勢後，再把優勢用於工作和生活中，那感覺就完全不一樣了！」她這樣說。

透過充分運用優勢，她很快融入了新環境，與同事們交流順暢並建立了融洽的關係。而且，她還運用優勢溝通，改善了親子關係。

◈案例

學習優勢教練課後，小鑫擁有了優勢視角，看到了兒子的需求和期待：渴望得到父母的關心和愛護，同時也想做自己，希望父母尊重他、理解他、鼓勵他、支持他。

雖然兒子有時很叛逆，但只要跟他好好溝通，他也能聽進去。這說明他能分辨是非、體諒父母。意識到這一點後，小鑫決定跟兒子和諧、友好的相處，讓他能獨立上學、放學和完成作業。

她開始利用晚上的時間與兒子溝通，承認自己有些話傷害了兒子，並跟他道歉。

「我不原諒，我不原諒！」兒子剛開始聽到媽媽的道歉時，嘴裡不停的這樣說。小鑫能感受到他內心的痛苦，也能感受到他對愛的渴望，就開始對他進行優勢賦能。

她每天都會發現孩子做得好的地方，要孩子說出自己的優點並寫下來，讓他看到自己的優點，認可自己，培養自信心。

她開始與兒子進行優勢溝通（見第一八五頁），之後他們再也沒有發生過激烈的衝突。不久，孩子的學習成績也有所提高。

在不確定的人生劇場中找到屬於自己的確定性，過有準備的人生。

小鑫在適應新工作及處理和兒子的關係中，優勢視角和優勢溝通扮演了重要角色。當我們能處理好當下的生活瑣事時，就能收穫喜悅，活出幸福人生。

優勢教育TIPS

- 明確自己的優勢和才能。
- 看到孩子的優點和內在天賦。
- 引導孩子關注自己的優點和優越處。

思考清單

- □ 我能看到家人的優點。
- □ 與優點相比，我更容易看到家人的缺點和不足。
- □ 身為父母，我能看到孩子的優點。
- □ 與優點相比，我更容易發現孩子的缺點和不足。

02 滾動你的幸福輪，延長幸福感

正向心理學家馬汀・塞利格曼（Martin Seligman）提出了持續幸福的PERMA模型。這個模型包括五個元素：正向情緒（Positive Emotions）、全心投入（Engagement）、人際關係（Relationships）、意義（Meaning）和成就（Achievements）。

我們該如何獲得幸福感，並讓幸福感持續下去？答案可以從上述五個元素中找到。我們也可以藉此來審視自己的生活和工作，上述五個元素是否都已滿足。那些尚未滿足的元素，就是我們下一步的努力方向。

我們不妨用一座大廈來進行比喻，上述五個元素就是這座大廈的五根支柱，它們不僅能幫助人們感到更滿足，還能帶來更高的生產力及更健康的生活，甚至創建一個和平的世界。而大廈的地基則是優勢與美德（見下頁圖表7-1）。

如果一個人不清楚自己的優勢，甚至自我懷疑，那麼就很難在工作上發揮出自己的優勢。

當一個人難以發揮自己的優勢時，他的成就感就會比較低，這會直接影響他投入精力及人生意義的實現。

為了讓這五個元素在工作和生活中落實，我們可以定期做復盤和總結，建構自己的「幸福輪」。幸福輪包括六項內容，即工作、健康、情感、娛樂、使命、財務，每一項從零分到十分，你可以給自己當前在這方面的狀態和滿意程度打分（見左頁圖表7-2）。

如果你在這六項上都給自己打十分，那麼你現在的狀態是最佳的，這也是最理想的狀態。你的「幸福輪」可以穩穩的滾動起來，讓幸福持續下去。

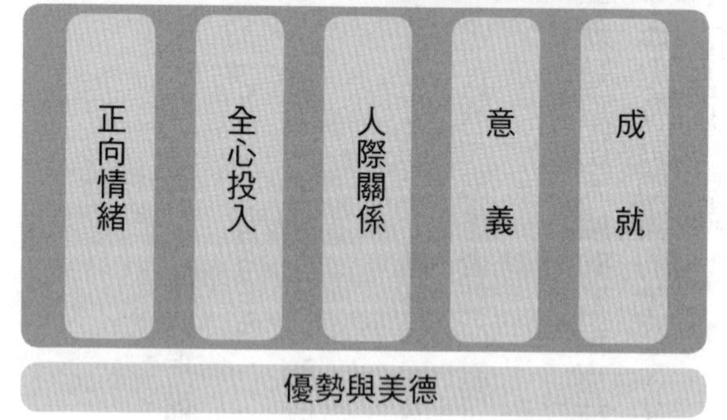
幸福
正向情緒
全心投入
人際關係
意義
成就
優勢與美德

▲**圖表 7-1**　幸福大廈（PERMA 模型）。

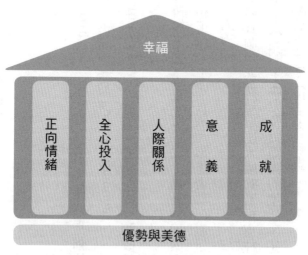

如果你對某幾項的打分不到十分，那麼這幾項就是你下一步奮鬥的目標。

下面我們以小A為例，說明幸福輪的應用（見下頁圖表7-3）。

小A給自己的工作打六分，計畫升職或換工作，這是他接下來在工作上的目標。他會在工作上更主動的發揮自己的優勢，展現自己的價值，也願意更投入工作，以收穫更多成就。他的幸福大廈也會逐步實現。

小A在財務上想要多賺

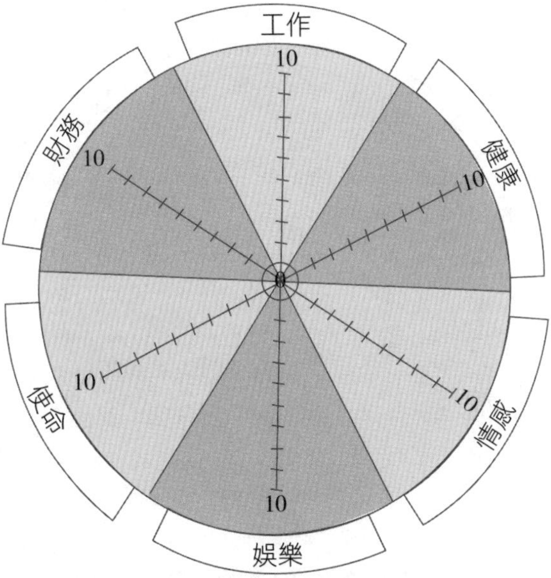

▲**圖表 7-2**　幸福輪，如果你在這六項上都給自己打 10 分，那麼你現在的狀態是最佳的，這也是最理想的狀態。

錢，那麼就意味著接下來他要更努力的工作，甚至開啟副業、投資理財等，增加收入。

小A在情感方面想要多陪伴家人，那麼就可以留出更多時間給家人。

小A在健康、娛樂、使命方面都基本滿意，這幾個方面暫時維持現狀，然後優先在工作、財務、情感上投入精力，發揮優勢，付出行動。

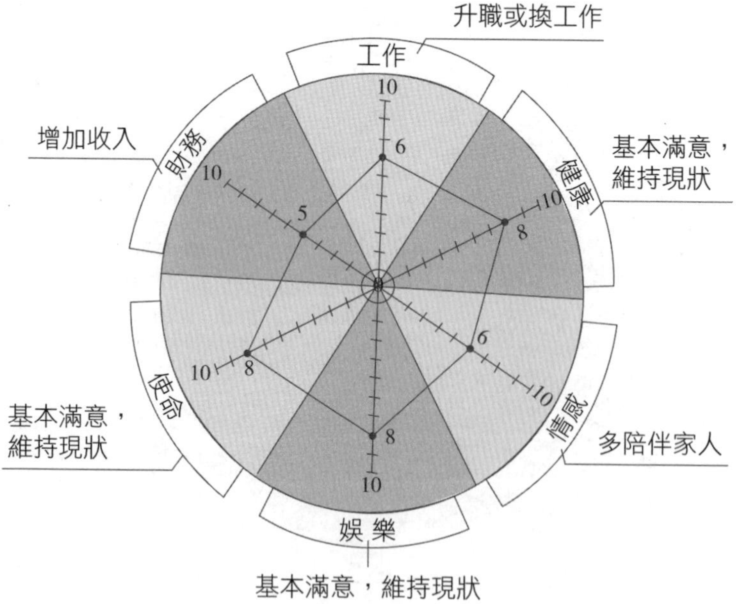

▲**圖表 7-3** 小 A 的幸福輪及下一步努力的目標。

小練習

第一步：請在下面的幸福輪上為自己的每一項打分，並用線連起來。

第二步：在旁邊寫出下一步努力的目標，可參照右頁圖表 7-3 小 A 的幸福輪。

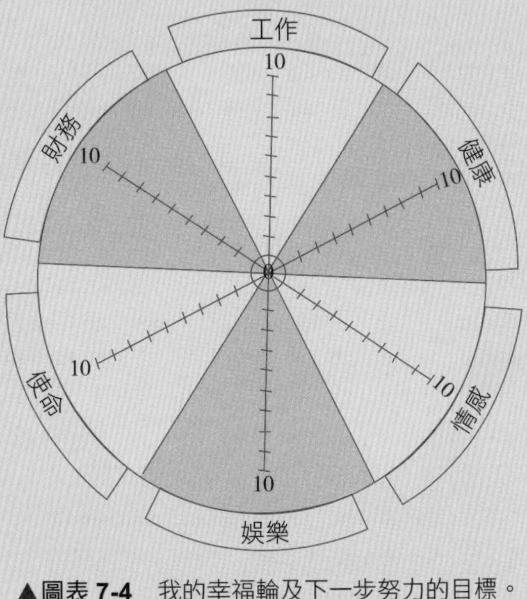

▲**圖表 7-4**　我的幸福輪及下一步努力的目標。

填寫好後，請閉上雙眼，想像一下，當你在各項上都接近 10 分時，你的生活和工作會是什麼樣子？

03 你會如何衡量自己的人生

每個人的人生目標取決於其如何衡量自己的人生：有的人以事業成功為目標；有的人以財富自由為目標；有的人以獲得人生意義為目標；有的人以自我實現為目標。透過幸福大廈和幸福輪，我們可以確定自己下一步努力的目標，也可以藉此思考自己的人生目標。下一步要努力的目標是我們的近期目標，而人生目標是長期目標。

第一個助力實現人生目標的工具是，SMART目標制定和管理工具。（見下頁圖表7-5）SMART是五個英文單字的首字母縮寫。

- **S**：Specific，具體的、明確的。

我具體要做什麼？什麼時候做？做到什麼程度？產生什麼影響？

比如，小A下一步努力的目標是「我要換工作」，那麼具體想什麼時候換？

換什麼樣的工作？當我們寫**下目標的具體開始時間、完成時間及衡量標準**時，**目標就更容易實現**。

- **M：Measurable**，可衡量的、可量化的。

用什麼標準來衡量自己的目標是否已完成。比如，成本、數量、品質、時間等有數據約束的衡量標準。

小A的目標是「我要換工作」，加上衡量標準後，具體目標可以是「我要在今年十二月三十一日前，換一

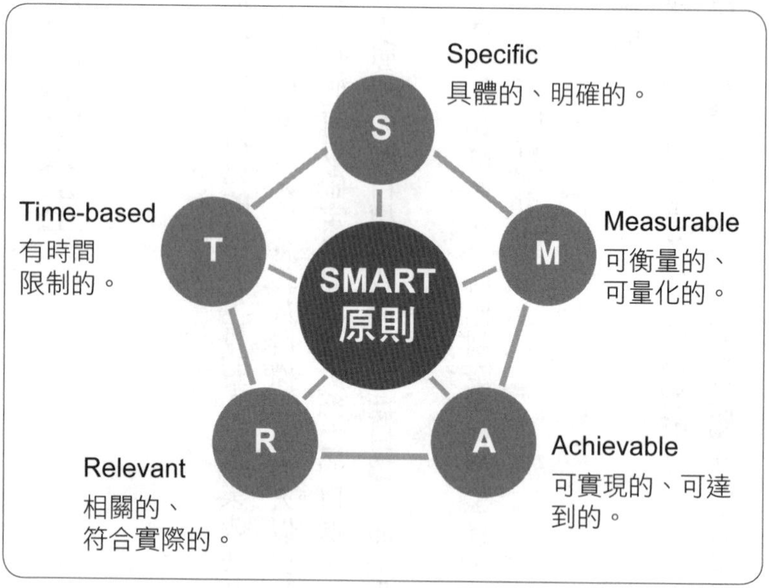

▲圖表 7-5　用 SMART 原則設定目標。

份薪資增加五〇％的工作」。**當目標可衡量時，這個目標就更加清晰、明確**，不僅有了努力的方向，更有實現的動力。

在公司裡比較常見的工作衡量標準是關鍵績效指標（Key Performance Indicators，KPI）。當設定年度工作的KPI時，我們往往要使用一些資料進行量化描述。如果沒有數據，那麼公司就很難衡量你的業績是否達標。

- **A**：Achievable，可實現的、可達到的。

我能實現這個目標嗎？實現這個目標有什麼挑戰嗎？我是否擁有足夠的資源、技能和支援？想清楚這些問題會讓你對完成目標更加堅定。那麼，什麼樣的目標是不可實現或難以實現的？下面舉例說明：

「我要從今天（八月一日）開始找工作，一週內找到薪資增加五〇％的工作。」顯然，我們會對這個目標產生懷疑，客觀來說，它不容易實現。

- **R**：Relevant，相關的、符合實際的。

這個目標和我的長期目標有關係嗎？這個目標符合我目前的實際情況嗎？

小A的目標是「我要在今年十二月三十一日前，換一份薪資增加五〇％的工作」。他制定該目標的時間是八月一日，距離目標實現有五個月的時間。如果在這五個月裡，他還要準備一些重要的認證考試，同時還要兼顧當前的工作並照顧好家庭，那麼小A不妨根據各項事情的重要性排列優先順序，如先完成認證考試，再換工作。

● T：Time-based，有時間限制的。

時間限制是指完成目標的具體時間，包括過程中的控制節點、階段性的標誌及里程碑。

小A想換一份薪資增加五〇％的工作，完成時間是十二月三十一日前，期間有沒有一些時間控制節點？比如，何時開始完善簡歷、何時開始投遞簡歷，這些就是控制節點，也可以叫子目標。

子目標是從總目標拆解而來的，也是階段性目標。當我們想要實現人生目標時，不妨將總目標拆解成若干個子目標，這樣總目標會更容易實現。

左頁圖表7-6是小A在工作上的總目標和子目標。

第二個助力實現人生目標的工具是GROW模型。GROW是四個英文單字的首字母縮寫。這也是我們在優勢教練輔導時常用的工具。你可以應用GROW模型（見下頁圖表7-7）找到下一步的行動計畫。

◆案例

小藍工作八年了，在一家知名IT公司做技術服務營運。雖然她每天都很忙，但對工作沒有太大熱情，總是提不起勁，這讓她感到有些迷茫。

小藍在學習了優勢教練課後，不僅明確了職業方向，還學會了如何運用優勢打造高績效團隊。她也找到了自己迷

12月31日前	換一份薪資增加50%的工作。	➡ 子目標： • 8月完善簡歷，9月投簡歷。 • 10月、11月準備面試。 • 12月拿到錄用通知。
未來3～5年	每年能實現薪資增加至少30%，開啟副業。	
未來5～10年	實現年薪百萬，有被動收入，財富自由。	

▲圖表 7-6　小A的工作目標。

茫、缺乏工作熱情的原因：自己的優勢才能被壓抑了，並且沒有管理好自己的短處。

比如，在談判中需要爭取資源或利益，當雙方發生分歧時，她會本能的選擇退讓，這樣做的結果就是沒有工作成果。

在知道這是自己的某些才能過度發揮所致後，她運用了如何正常發揮優勢的方法，盡量在談判中爭取雙贏，工作也比以前順暢多了。

她的另外一個重要收穫就是找到了自己的發展目標。左頁圖表7-8是她運用GROW模型做的目標和計畫。

G
Goal，目標
我的目標是什麼？可用SMART工具寫下來。
R
Reality，現狀
我目前的現狀是什麼？例如，我目前的優勢和能力能勝任我想要換的工作？
O
Option，選擇
從現狀到目標的達成，我有哪些選擇和實現的路徑？
W
Will，意願
在這些路徑中，哪些是我想做的？我的計畫是什麼？

▲**圖表 7-7**　用 GROW 模型找到下一步的行動計畫。

當我們對未來有一個清晰的目標時，就像給大腦鋪了一條路，大腦就會順著我們描繪的目標一步一步的往前走。你的近期目標和人生目標是什麼？你可以利用SMART和GROW模型工具，快速行動起來。

G，目標：	持續提升工作能力，實現升職、加薪。
R，現狀：	上有老下有小，房貸和車貸，工作遇到瓶頸，看不到上升空間。
O，選擇：	1. 繼續在原職位探索工作甜蜜點。 2. 調職。
W，意願：	1. 深入認識自己，在接下來的一年透過學習優勢教練課深度剖析自己，發揮優勢的槓桿作用。 2. 在當前工作中提升自己的技能，透過學習獲得相關資格認證，如國際專案管理。 3. 管理短處，在影響力方面的短處嚴重影響工作彙報和工作成果，爭取每週向主管彙報一次。

▲**圖表 7-8**　小藍運用 GROW 模型做的目標和計畫。

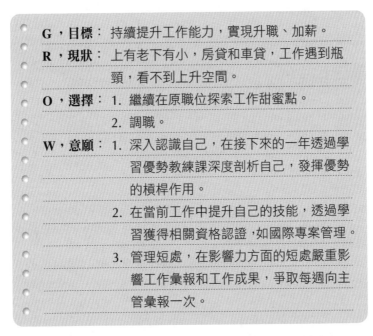

04 自信就是優勢的槓桿

幸福是生命的意義和使命，是我們的最高目標和方向。

——哲學家亞里斯多德

在哈佛大學最受歡迎的幸福課上，塔爾．班夏哈引導大家思考對於幸福的理解：「什麼才能使我快樂？」重點就是找出以下三個關鍵問題的答案：什麼對我有意義、什麼能帶給我快樂，我的優勢是什麼？

幸福就是發現我們在工作、生活中真正想做的事情。如何讓自己的幸福輪平穩的轉動起來，讓幸福持續下去，這是我們每個人畢生要做的事情。

◆案例

凱莉是一家企業的人力資源總監，也是我們優勢教練班的學員。她負責公司的人力資源管理工作，同時也兼任新成立專案組的負責人。

但雙重的工作壓力讓她感到很疲憊，她感到失落至極，找不到自己的價值，不停的否認自己。最後她終於忍不住向主管提出了辭職申請，但主管並沒有批准她的辭職申請，而是給她兩個月的帶薪假，讓她好好休息一下。

在休假期間，她參加了一些課程，也接受了很多測驗，如MBTI[1]、DISC[2]、領導力等，想要重新認識自己，也想嘗試其他發展方向。

一個月後，她被主管召回公司。重返職位後，她的工作狀態依舊，始終振作不起來。直到有一天，她無意中參加了我為某機構提供的打造個人優勢集訓課，才了解自己的優勢和才能。

彌補缺點，可以防止失敗；發揮優勢，才能通向成功。她之前做的測驗，一直讓她關注自己的缺點，她也一度懷疑和否定自己，試圖彌補自己的缺點。

學習優勢教練課後，她的工作狀態發生了很大的改變。她將優勢教練技術應用在工作上，工作越來越順利。在兼任的專案組裡，她發揮團隊成員的優勢，並運用自己的優勢來管理缺點，還被選拔成為公司的第一批合夥人。

凱莉的優勢領域是關係建立，個別、體諒、和諧、學習等才能都很突出。另外，透過應用學到的「發揮優勢、管理短處」方法，凱莉也在專案組負責人的角色上實現了自我突破（見下頁圖表7-9）。

案例

凱莉曾一直認為自己的領導力不強，負責的專案也始終沒有太大起色。而主管對她負責的專案期望較高，所以有一段時間，凱莉因為業績不佳而不敢跟主管彙報工作，這導致主管頻頻給她施加壓力。

意識到自己的缺點已經對工作產生阻礙後，她開始運用自己的優勢管理缺點，以期改變現狀。

1 Myers-Briggs Type Indicator，邁爾斯布里格斯性格分類表。是一份人格類型問卷，透過自我檢測的方式，幫助人們更了解自己跟身邊的人們。

2 DISC 測驗被廣泛運用於企業選才中，透過人格類型分類認識不同的情緒反應和行為風格，從而展現個人優勢，克服弱點，將自己擺對位置，發揮最大潛能。

▼**圖表 7-9** 凱莉的優勢應用。

優勢才能	如何幫助我實現目標
個別、體諒	身為人力資源總監，我經常要與人打交道，如面試、績效面談、員工關係處理等，這兩項才能讓我擅於傾聽、能敏銳的察覺和感受不同人的情緒。
和諧	在發生矛盾時，我能在公司和員工的立場之間找到平衡點，妥善處理員工關係，所以工作越來越順利，我越來越有成就感。
學習	我享受學習，也意識到過度發揮才能給我帶來的阻礙，沉迷學習，忽略了學習成果。所以我重新制定了學習目標，透過分享、公司內部培訓的方式強化自己的學習成果。雖然後期我在學習方面的投入少了，卻取得了事半功倍的效果。

凱莉發揮個別才能，發現了專案組兩名成員的優勢，並重新分配專案組的工作。其中一名同事擅長對內流程、文件的整理工作；另一名同事擅長與人溝通，負責宣傳和協調工作。凱莉運用自己的關係建立優勢，協助其他部門的同事，在能力所及的範圍內協助專案組的工作，這樣自己就有更多的時間和精力思考如何推進專案。

同時，她定期主動跟主管彙報專案進度，主動了解主管的想法，向主管爭取人力等資源，幫助專案組打通了對外宣傳的管道。專案慢慢有了起色，專案組在年底完成了公司預定的業績目標，還在客戶和行業內打開了知名度，被評為公司的優秀專案組。第二年，公司將這個專案作為拳頭產品[3]，重點推進。

就這樣，凱莉成為一名很有親和力的管理者。她也從原來被動接受專案安排，到主動承擔更多專案任務，在年中被選拔成為公司的第一批合夥人。

3 比喻企業特有的、別人難以勝過的看家產品。

幸福輪包含的六項內容（即工作、健康、情感、娛樂、使命、財務）中的任何一項滿意程度，低於六分都會影響我們的心態和狀態。

起初，由於兩份工作的雙重壓力，各種瑣事和溝通不順，凱莉提出了辭職申請。她從自我懷疑和否定，到學習優勢教練課後對自己的優勢有了清晰的了解，從優勢視角看待自己和自己的工作，運用自己的優勢管理短處，不斷突破自我，取得一項又一項成績，對自己也更有自信。她真正做到了基於優勢發展，收穫了更多喜悅和成就。

想要發揮優勢和潛能，想要擁有幸福的生活、獲得成就感，我們首先要從了解自己開始，將自己的優勢持續應用在工作和生活中，就能從中獲得快樂和意義。從現在開始，讓你的幸福輪轉動起來吧！

附錄

01 蓋洛普優勢測驗

心理學家唐諾・克里夫頓在《發現我的天才》（*Now, Discover Your Strengths*）及其升級版《蓋洛普優勢識別器2.0》中介紹了蓋洛普優勢測驗，描述了三十四項天賦優勢的含義。

這是一個線上的個人才能測驗，可用於鑑定個人在哪些領域最有潛力和優勢。作為一種基於正向心理學的綜合性評估方法，這個測驗被廣泛應用於了解個人和團隊的

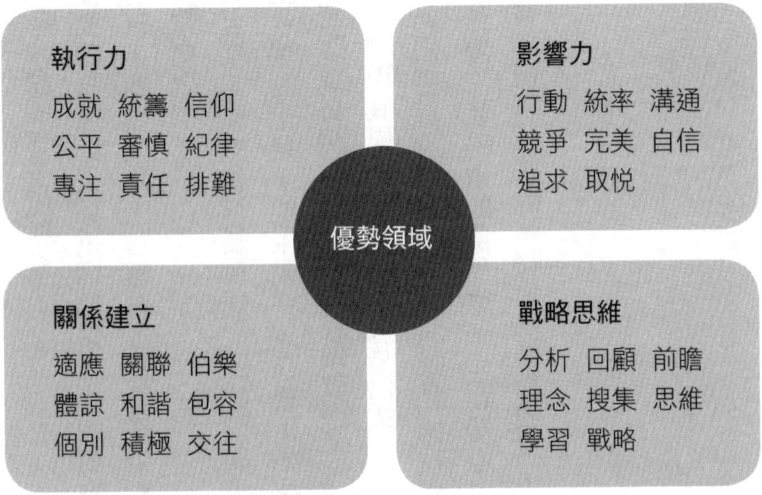
執行力
成就 統籌 信仰
公平 審慎 紀律
專注 責任 排難
影響力
行動 統率 溝通
競爭 完美 自信
追求 取悅
優勢領域
關係建立
適應 關聯 伯樂
體諒 和諧 包容
個別 積極 交往
戰略思維
分析 回顧 前瞻
理念 搜集 思維
學習 戰略

▲**圖表 A-1** 蓋洛普四大優勢領域與 34 項天賦主題。

優勢，適用於員工、團隊、學生、家庭和個人發展等多種場景。

當完成測驗後，受測者會收到一份優勢報告。如果你選擇的是三十四項完整天賦測驗與報告，那麼會收到較為詳細的三十四項天賦主題報告，就能從中看到自己的三十四項天賦順序、行動建議和優勢領域的分布。

每一項才能都描述了人們自然而然的思維、感受和行為模式。比如，如果一個人的「成就」才能排序靠前，那麼他就會幹勁十足，能主動完成任務；如果一個人的「行動」才能靠前，那麼他能立即將想法付諸行動，往往說做就做。

這個測驗的目的是讓個人和團隊有機會發現其思維、感受和行為模式。

這個測驗同時也創造了一種語言，讓人們可以透過這種語言清晰且個性化的描述「我是誰、我需要什麼、我可以給予什麼、我看重的是什麼」。在知道自己的前五項天賦或突出天賦後，我們需要學會如何將這些天賦轉化為優勢成果。

02 VIA性格優勢測驗

心理學家馬汀・塞利格曼和克里斯多福・彼得森（Christopher Peterson）在一九九〇年代後期開始在正向心理學領域探索，並用社會科學來研究人們性格的構成。他們還成立了非營利組織VIA性格研究所。

VIA的英文全稱是Values in Action，即行動中的價值觀。VIA性格優勢測驗將人的性格分為六種核心美德，和二十四項性格優勢（見下頁圖表A-2）。這些描述的本質是對一個人性格的積極方面進行分類和命名。完成這個測驗後，你會看到自己二十四項性格優勢的排序。

比如，「創造力」排名靠前的人，其性格為「能夠想出新方法做事是你擁有的重要特質。如果有更好的方法，你絕不會滿足於用傳統方法做同樣的事。」；「領導力」排名靠前的人的表現特徵為「你在領導方面表現出色。你鼓勵組員完成工作，令每名組員有歸屬感，並能維持團隊的和諧。你在籌劃和執行活動方面

智慧和知識	創造力、好奇心、判斷力、熱愛學習、觀點見解
勇氣	真誠、勇敢、毅力、熱忱
人道主義	愛、仁慈、社會智慧
正義	公平、領導力、團隊精神
修養	寬恕、謙虛、謹慎、自律
卓越	對美和卓越的欣賞、感恩、希望、幽默、靈性

▲**圖表 A-2**　VIA 性格優勢。

表現良好。」

二〇〇三年，VIA性格研究所發布了VIA性格優勢測驗，並且免費對公眾開放，有興趣的讀者可自行測試（見下頁說明）。

蓋洛普優勢測驗和VIA性格優勢測驗均基於正向心理學原理，二者之間的差異是鑑別的優勢類型不同：

- 蓋洛普優勢測驗將優勢才能定義為可以被發展的、能達成近乎完美表現的、天生的能力。
- VIA性格優勢測驗專注於性格優勢，幫助人們發現在卓越表現中的積極人格特質。

關於以上兩個工具的介紹，你還可以參考蓋洛普公司、VIA性格研究所的相關介紹。

VIA性格優勢測驗

1. 請先掃描 QR Code 連到網站。

▲VIA 性格研究所（https://www.viacharacter.org/）。

2. 點選「**Language▼**」，設定語言為「**中文（繁體）**」後，點選右上角的「**參加免費調查**」。

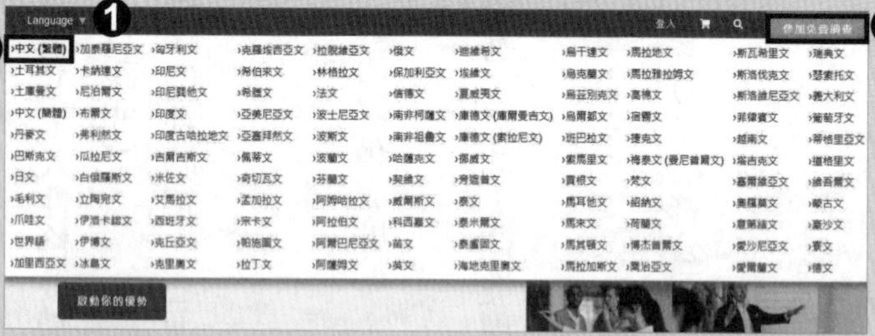

3. 接著在「註冊參加 IVA 調查」項目中依照指示輸入相關資料後，按「**開始調查→**」。

（接下頁）

4. 若你已滿 18 歲請點選左邊「VIA 成人調查」中的**「從成人調查開始」**。若你未滿 18 歲，則請先在右邊「威勝青年調查」中依照指示填入姓名和年齡資料。在此以「從成人調查開始」為例做說明。

（接下頁）

這邊務必要設定為「中文（台灣）」。

5. 接著會出現測驗頁面，請依照每項描述選擇最符合自己的答案。請誠實並準確的回答。

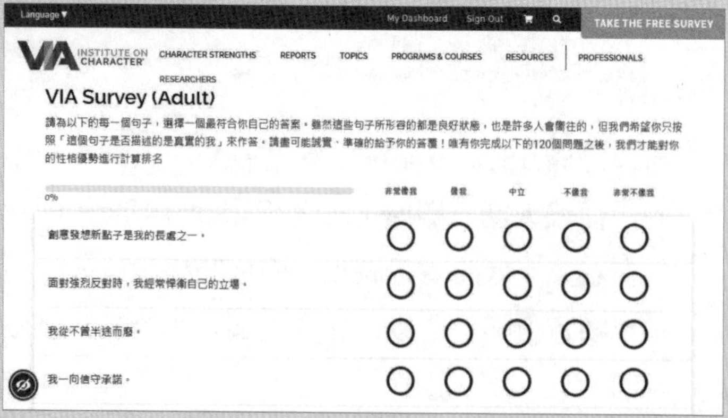

（接下頁）

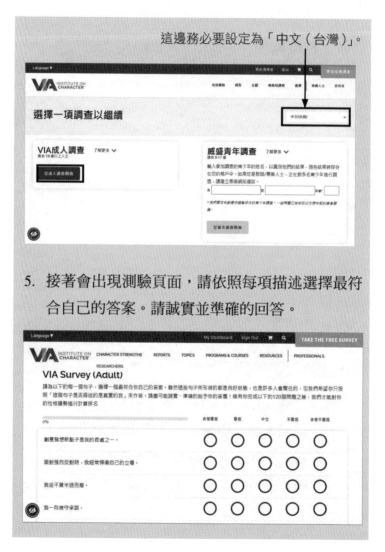

6. 完成後系統會免費排列你的優點，如要詳細的報告可自行線上付款。

若需要詳細的報告，可按此鈕購買。

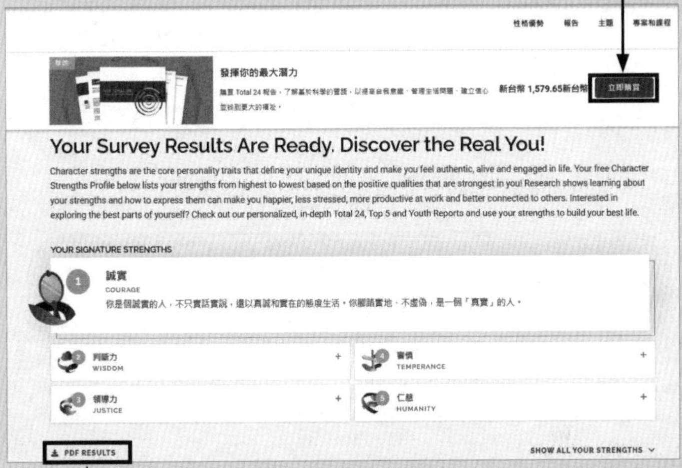

點選此連結可下載 PDF 檔。

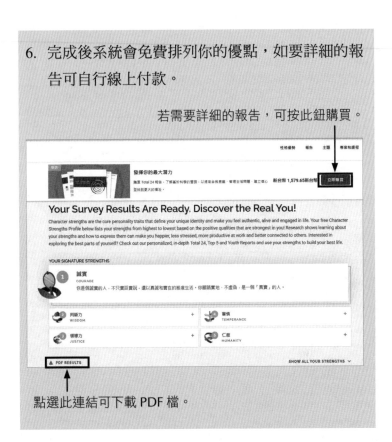

國家圖書館出版品預行編目（CIP）資料

優勢的槓桿：想快點成功，做你拿手的，勝過你喜歡的。蓋洛普專家用10個問題、4條線索，幫自己、部屬、子女找強項。／王玉婷著.
-- 初版 -- 臺北市：大是文化有限公司，2023.12
272 面；14.8 × 21公分. --（Think；271）
ISBN 978-626-7377-10-9（平裝）

1. CST：職場成功法

494.35 112016128

Think 271

優勢的槓桿

想快點成功，做你拿手的，勝過你喜歡的。蓋洛普專家用 **10** 個問題、**4** 條線索，幫自己、部屬、子女找強項。

作　　者／王玉婷
責任編輯／蕭麗娟
校對編輯／李芊芊
美術編輯／林彥君
副總編輯／顏惠君
總 編 輯／吳依瑋
發 行 人／徐仲秋
會計助理／李秀娟
會　　計／許鳳雪
版權主任／劉宗德
版權經理／郝麗珍
行銷企劃／徐千晴
業務專員／馬絮盈、留婉茹、邱宜婷
業務經理／林裕安
總 經 理／陳絜吾

出 版 者／大是文化有限公司
臺北市 100 衡陽路 7 號 8 樓
編輯部電話：（02）23757911
購書相關諮詢請洽：（02）23757911 分機 122
24 小時讀者服務傳真：（02）23756999
讀者服務 E-mail：dscsms28@gmail.com
郵政劃撥帳號：19983366　戶名：大是文化有限公司
法律顧問／永然聯合法律事務所
香港發行／豐達出版發行有限公司 Rich Publishing & Distribution Ltd
地址：香港柴灣永泰道 70 號柴灣工業城第 2 期 1805 室
Unit 1805, Ph. 2, Chai Wan Ind City, 70 Wing Tai Rd,Chai Wan, Hong Kong
電話：2172-6513　傳真：2172-4355
E-mail：cary@subseasy.com.hk

封面設計／初雨有限公司
內頁排版／Judy
印　　刷／韋懋實業有限公司
出版日期／2023 年 12 月 初版
定　　價／新臺幣 399 元（缺頁或裝訂錯誤的書，請寄回更換）
ISBN 978-626-7377-10-9
電子書 ISBN／9786267377154（PDF）
9786267377161（EPUB）